雨滴医生
育儿百科

雨滴医生◎著　　速溶综合研究所◎绘

江苏凤凰科学技术出版社

·南京·

图书在版编目（CIP）数据

雨滴医生育儿百科 / 雨滴医生著 ；速溶综合研究所
绘. -- 南京 ：江苏凤凰科学技术出版社，2021.7（2021.9重印）
ISBN 978-7-5713-1991-5

Ⅰ．①雨… Ⅱ．①雨… ②速… Ⅲ．①婴幼儿－哺育
－基本知识 Ⅳ．①TS976.31

中国版本图书馆CIP数据核字(2021)第114199号

雨滴医生育儿百科

著　　　者	雨滴医生
绘　　　者	速溶综合研究所
责 任 编 辑	祝　萍　冼惠仪
责 任 校 对	仲　敏
责 任 监 制	方　晨

出 版 发 行	江苏凤凰科学技术出版社
出版社地址	南京市湖南路1号A楼，邮编：210009
出版社网址	http://www.pspress.cn
印　　　刷	佛山市华禹彩印有限公司

开　　　本	718mm×1000 mm　1/16
印　　　张	21
字　　　数	270 000
版　　　次	2021年7月第1版
印　　　次	2021年9月第2次印刷

标 准 书 号	ISBN 978-7-5713-1991-5
定　　　价	68.00元

图书如有印装质量问题，可随时向我社印务部调换。

自序

我是一名长年在基层妇幼医院工作的儿科医生，也是一名普通的妈妈。

2017 年，经秋叶大叔（知名网红，秋叶商学院创始人）介绍，进入"今日头条写作训练营"开启了素人科普创作之旅。日更四年，到目前为止，已写下 1000 多篇科普文，全网拥有 400 多万粉丝。

我经常笑称自己是在网络上"摆摊"的大妈。无论艳阳高照还是刮风下雨，都要出来"练摊"。一开始我以为凭借自己 20 多年的实践操作经验，写科普文不会太难，但越往后写我越害怕，觉得自己已经把话都说完，呆坐在电脑前，时常一个字也敲打不出来。

有一次很长时间没有写东西，女儿突然跑过来问我："妈妈，你现在为什么不写文章了？还有很多妈妈等着看呢！"

听到女儿的话，我惭愧地低下了头。当时我觉得自己像极了为逃避现实而将头埋在沙堆里的鸵鸟。为了给女儿做好榜样，我立刻调整了心态，决定重新写下去。

当写科普文成为习惯后，创作渐入佳境。每天我都能在文章下方看到许多妈妈的留言，其中不乏对我的感谢与鼓励。其中有一个留言让我印象深刻，有位妈妈说，有一天半夜，自己 3 月龄大的宝宝发热了，在偏僻大山里，她不知所措。距离家里最近的县城医院也要 4 个小时的路程，都是山路，晚上开车极其危险。她突然想起看过我写的一篇关于发热的文章，就按照文中的方法处理，宝宝情况逐步好转。

看到这条留言，我既感动又开心。在医院的每一次面诊中只能帮助一位妈妈，而在网络上科普却能够帮助更多的妈妈。网络科普写作带来的成就感，滋养了我，也让我承担了一份责任。

在与网友不断交流的过程中，我深刻感受到如今年轻父母在养育孩子方面的焦虑。面对幼小的生命，父母除了期待，更多的是忐忑。

面对软软的小肉球，该怎么给他洗澡？怎么喂奶？他生病了怎么办，需要给他吃药吗？需要接种什么疫苗……这些问题，让父母伤透了脑筋。

尽管我每天尽可能像自动回复机一般，不厌其烦地解答网友们的各种问题，仍然远远满足不了他们的需求。因此，我想通过写作的方式，让更多父母了解育儿知识，当好自己孩子的"家庭医生"。

为了将育儿知识传播得更远，惠及更多父母，我竭尽所能，将日常工作中积累的门诊经验和收集的育儿故事，用浅显、实用的文字加以总结，并汇集在这本书中。同时，为了帮助更多父母更好地理解相对复杂的医学知识，我提取了部分最具代表性的内容，请"速溶综合研究所"进行图解制作说明，这样既能将知识点清晰地传达出来，又不会过于枯燥。

从新手妈妈到淡定妈妈，我一路上也走了不少弯路。作为过来人，我的切身感受是，世界上没有天生的好父母，孩子遭罪常常是父母忽视所造成的。"为人父母"这么重要的职业，我们却没有进行岗前培训，只能靠自己不断摸索，才勉强及格。父母只有不断地学习和进步，丰富思维层次，以包容的心态积极面对，不追求完美，做 60 分父母，不过度比较，才能跳出各种认知局限的框框，才能让孩子和自己少受罪，快乐生活。

这本书囊括了育儿过程中大部分常见的问题，目的在于科普、更新广大父母的育儿观念。写作的过程中，我尽量做到有理有据，但难免有疏漏、不足之处，还请大家谅解。

医学在不断地进步与发展，本书出版之时，有些内容可能会过时，加之孩子生病时须面诊，因此本书中的科普内容并不能取代医生给出的诊疗方案。

希望通过我的绵薄之力，尽可能让新手父母了解并接收国内外先进的养育及接地气并具有实操性的儿童常见病防治知识。期待新手父母通过本书的学习，能够在生活、就医过程中不再迷茫与慌乱，把孩子的健康掌握在自己手中。

在本书面世之际，我要感谢我的妈妈、爱人和孩子，感谢来自五湖四海的朋友，是你们的发现和鼓励，让我敢于仗爱前行。

雨滴医生

2021 年 3 月 11 日

— 目 录 —

第 **1** 章

坚持科学喂养，宝宝健康有保障

第 **2** 章

生长发育别着急，相关知识要学习

第 3 章

照顾宝宝不用愁，居家护理有诀窍

第 4 章

宝宝生病不要慌，分清病症最重要

第 **5** 章

意外伤害不要急，正确处理最关键

第 6 章

要想宝宝免疫好，接种疫苗不能少

第 7 章

轻松读懂三大常规检查报告

第  章

坚持科学喂养
宝宝健康有保障

母乳喂养 & 配方奶粉喂养

十月怀胎，一朝分娩。宝宝的健康出生和快乐成长是每一对父母最大的心愿。

但是宝宝的出生除了给新手父母带来新生的喜悦之外，还会给他们带来一些不知所措的小问题。

在宝宝的喂养问题上，他们会更加慌乱：母乳喂养好还是配方奶粉喂养好？母乳不足怎么办？宝宝吃了不长个儿怎么办？宝宝睡着了要不要叫起来喂奶……

虽然读过各种育儿科普文，可是看着嗷嗷待哺的宝宝，他们难免会慌了手脚。

对宝宝来说，吃是头等大事。在诊室里，也经常遇到对宝宝喂养方面有疑问的父母。

母乳喂养的好处

母乳是宝宝最好的食物，含有上千种营养素，并且所含成分会随着宝宝月龄增长而变化，完全能够满足宝宝出生后前 6 个月所需要的营养。

➡ 减少宝宝患病的概率

初乳是指新妈妈在生产后 4 ～ 5 天内分泌的乳汁。如果妈妈仔细观察，会发现初乳通常为清亮的黄色乳汁，但有些妈妈的初乳是相对浓稠的橘黄色。初乳中除了含有宝宝生长发育所需的营养物质，还有配方奶粉无法复制的生物活性因子及多种抗感染保护因子。蛋白质中的甲型分泌型免疫球蛋白、乳铁蛋白、溶菌素等可以抗感染，减少细菌滋生；核苷酸可以促进 T 淋巴细胞成熟；酶可以促进营养素吸收，促进肠道健康，并提供免疫保护，还能降低新生宝宝体重质量下降、患低血糖、过敏、传染病，以及黄疸的概率。

初乳在 14 天之后会转变成奶白色的成熟乳，但是母乳中的抗体依然能够保护宝宝免受疾病的侵扰。只要是母乳喂养，6 月龄以内的宝宝一般很少生病。

重点知识

初乳的好处：

1. 实现有菌喂养。
2. 帮助宝宝建立正常的肠道菌群环境。
3. 激活宝宝免疫系统。
4. 减少过敏、腹泻等疾病的发生。

初乳和成熟乳的区别			
	分泌时间	颜色	成分
初乳	生产后 4～5 天内	黄色 （清亮或浓稠）	基础营养物质 抗体 免疫活性物质
成熟乳	生产 14 天以后	奶白色	基础营养物质 抗体

➡ 对宝宝生长发育有好处

新生宝宝的肠道发育还不健全，容易产生消化不良、吸收不良的问题。母乳中包含的碳水化合物、蛋白质、维生素、矿物质、脂肪等营养成分不仅能满足新生宝宝的生长发育需求，其含有的蛋白质也更容易被消化和吸收，不会造成胃肠负担，可以促进宝宝的生长发育。

另外，一些研究表明，在不考虑妈妈的智商差异和社会经济学的因素下，母乳喂养的宝宝在智商测试中得分更高。母乳中的某些特殊物质，对宝宝脑细胞间的各种连接、建立起着重要作用，更能发挥遗传上的智力优势。

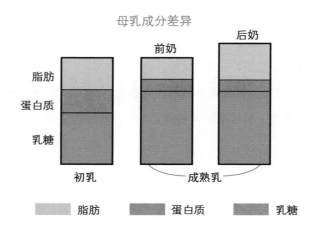

母乳成分差异

脂肪
蛋白质
乳糖

前奶　后奶

初乳　　成熟乳

■ 脂肪　　■ 蛋白质　　■ 乳糖

➡ 对宝宝的心理发育有益

心理学家研究表明，2岁以内的宝宝，特别是婴儿期的基本需求被满足越多，以后心理发展愈稳定、愈独立，人格发展愈正常。

哺乳时，宝宝的吸吮会刺激妈妈分泌泌乳素，让妈妈感觉有成就感而安心，宝宝也容易安抚。把宝宝抱在臂弯里，用眼睛凝视他，用乳汁给予他营养，宝宝就会知道有人关爱他、保护他。这对于建立亲子感情和安全感很有益处，也有利于宝宝的心理发育。

➡ 减少妈妈患病的概率，有利于身材恢复

宝宝吸吮妈妈的乳房，会刺激妈妈子宫收缩，从而减少妈妈产后大出血的概率，促进恶露排出和子宫恢复。哺乳时消耗的热量也有助于妈妈体形的恢复。相关研究发现，坚持哺乳能降低妈妈患乳腺癌、卵巢癌的概率。还有相关研究表明，坚持哺乳2～7个月的女性，患卵巢癌的概率比不坚持哺乳的女性低20%。

在宝宝6月龄之前，妈妈若是月经尚未恢复并且是完全母乳喂养，再度怀孕的概率不到2%。不过即便如此，妈妈也不要心存侥幸，产后第一次同房，戴好避孕套才是正确的防护措施。

→ 经济、省事

母乳是为宝宝量身定做的无价之宝。相比价格昂贵的配方奶粉，母乳喂养是相对经济、省事的喂养方式。母乳喂养的妈妈可以随时抱着宝宝出去玩，不用背着满满一包奶粉和开水瓶、奶瓶等瓶瓶罐罐，也不用在宝宝嗷嗷待哺的时候手忙脚乱地冲调奶粉。

母乳喂养中常见的问题

坚持母乳喂养是一件十分伟大的事情，除了需要妈妈的恒心和毅力，还需要事先了解一些科学的母乳喂养知识。当你的知识储备足够丰富，在母乳喂养过程中遇到相似的问题时，才不会手忙脚乱。

→ 母乳喂养的次数及间隔

母乳喂养原则上是按需喂养的，宝宝想吃就可以喂奶。母乳的消化时间为 $2 \sim 3$ 个小时。刚开始进行母乳喂养时，每天多次喂哺非常重要，这能确保宝宝摄入足够的营养，增加体重，避免脱水。

妈妈分娩后应尽早开奶。在宝宝出生半个小时后就可尝试让宝宝吸吮乳头，刺激泌乳。另外，帮助宝宝正确地衔乳才能够保证宝宝有效吸吮，促进乳汁的分泌。

错误的衔乳姿势
宝宝只吸到乳头，舌头在口腔后面。

正确的衔乳姿势
宝宝张嘴含着乳房，乳房正对他的下颚，他的下唇正对乳头下方。

开奶后坚持母婴同室，尽量让宝宝待在身边，他要吃就喂奶，这样可以促进妈妈身体分泌能满足宝宝需要的母乳量。

喂奶的姿势有很多种，橄榄球式喂哺适用于刚出生的宝宝，可以减少乳头破皮及疼痛。侧躺喂哺适合所有的妈妈，方便且舒适。

宝宝刚出生分不清白天黑夜，甚至有时会出现日夜颠倒；哺乳次数一增多，妈妈很容易劳累。因此妈妈要及时调整状态，趁宝宝睡觉时赶紧休息。

➡ 如何判断宝宝是否吃饱了

配方奶粉喂养时，我们可以借助奶瓶上的刻度把握喂奶量。但母乳喂养的宝宝，新手父母往往很难判断宝宝吃了多少奶，以及到底有没有吃饱。

这时，我们可以根据下列衡量标准进行判断。

如何判断宝宝是否吃饱

- ☐ 每天有大于 5 片尿不湿的尿量。

- ☐ 解清澈、浅色的尿。

- ☐ 出生后前 4 周，每天解 2～3 次大便。

- ☐ 吃完奶睡眠安稳，情绪状态好。

- ☐ 出生后前 3 个月，体重平均每周增长 150g 以上。

➡ 宝宝吃奶时睡着了，要不要叫醒继续吃奶

有的宝宝刚开始吃奶就睡着了，这时最好是动动乳房或者摸摸他的小脸蛋，让他醒过来继续吃奶。因为在饥饿状态下，宝宝没办法睡太久，很快就会醒来，久而久之容易养成不好的习惯。如果宝宝已经吃饱，睡着了，则无须叫醒。

➡ 乳房大小会影响泌乳吗

乳房大小和脂肪、结缔组织关系密切，其形状、大小并不影响分泌。乳头内陷或者扁平也不影响哺乳。通常在宝宝出生时，妈妈乳房腺体组织就开始分泌乳汁。

想要乳汁多就需要早开奶，妈妈放松心情，让宝宝多吸吮。如果妈妈焦虑、没有信心，睡得不好，会影响大脑信息传递，导致乳汁变少。

➡ 乳房有硬块或发炎，能喂奶吗

乳房有硬块，一般是乳汁没有及时被完全吸出，堆积在乳房内导致输乳管堵塞引起的，严重的还会造成乳房组织局部疼痛、发红、发热等乳腺炎症状。

预防方法是让妈妈多休息，保证宝宝用正确的衔乳方式多吸奶，只要宝宝要吃就喂，同时减少喂奶之外的干扰，比如妈妈尽量少玩手机。

喂奶前还可以热敷并轻柔按摩乳房硬块周围，推荐使用电动吸乳器进行吸乳，并佩戴大小合适的吸乳护罩，注意吸乳时间不宜过长。

如感到乳房疼痛，可在 2 次哺乳之间用冷敷来减少疼痛感。另外，妈妈不要穿太紧的胸罩，躺着的时候注意不要压到乳房。

即使乳腺发炎，也可以坚持喂奶。当乳汁被吸出后，乳房堵塞或乳腺炎的情况往往会在 24 个小时内有所改善；如果情况没有改善，出现疼痛加剧、发热等，需及时就医，并在医生指导下合理用药，并不会对宝宝产生不良影响。但每种药物有半衰期，有的需要延长哺乳时间，具体可咨询药师。如乳房疼痛或者发热超过 38.5℃ 可服用对乙酰氨基酚或布洛芬。

➡ 乳汁淤积在乳房，会有毒，甚至致癌吗

所谓残乳，通常指妈妈回乳后，从乳腺管中挤出的黏稠的牙膏状物质，多呈白色、乳白色或黄色。

当准备断奶时，大脑就会下指令停止乳汁分泌。没有排出的少量乳汁会逐步被乳腺导管的上皮细胞完全吸收。回奶后，根本就不存在残乳。

"乳汁淤积在乳房会变质，产生有毒物质，甚至致癌"的说法，更是无稽之谈。乳腺导管有完整的免疫系统，即便是急性乳腺炎，产生的少量脓液也可以被人体自身吸收分解。乳汁中含有多种免疫物质，可以抵御细菌，使之不易变质。乳房的乳汁如同人体血液在不断循环中，不可能有毒、致癌。

为了避免回乳过程中，乳汁过多而堵塞乳腺导管，建议妈妈切不可在泌乳高峰期强行断乳，而是要循序渐进，逐步减少喂奶次数，做到自然离乳，这样对宝宝心理和自己生理上的伤害最小。

➡ 如何判断母乳不足

母乳不足的表现一般有以下几个方面：

◆ 宝宝很费力地吸奶，而且妈妈听不到宝宝吸奶的声音。

◆ 宝宝吃奶时间短，吃完奶很快又开始哭闹。

◆ 妈妈乳房软软的，体会不到乳房硬、涨。

◆ 宝宝排便次数明显减少或者没有排便。在确认他没有生病的情况下，很有可能是没吃饱，摄入食物远不够身体吸收，所以根本没有大便。

◆ 宝宝体重增长不达标。

➡ 母乳不够又想母乳喂养，怎么办

调查显示，真正的母乳不足发生率约为5%以下，但超过80%的新手妈妈都对自己的母乳是否充足心存疑虑，担心自己的母乳不能满足宝宝生长发育的需求。

进行母乳喂养的妈妈需要承受身体和心理的双重压力，虽然内心很想纯母乳喂养宝宝，但一边是宝宝不论怎么吃都吃不饱的现状，另一边是家人不断地劝自己添加配方奶粉。暂时母乳不足时，可以尝试用下面的方法来"追奶"。

母乳不足时的"追奶"方法

① 保持心情愉悦，信心充足

妈妈要相信自己有母乳，积极创造舒适的喂哺环境，保持好心情，母乳自然会源源不断。

如果没有休息好，就容易对喂奶产生排斥和恐惧，大脑就会自动发出指令减少泌乳，导致母乳不足。

② 多让宝宝吸吮

乳汁的分泌取决于宝宝吃的频率和分量。保持宝宝多次有力的吸吮，就能刺激妈妈乳房分泌更多的乳汁。如果已经是混合喂养，先喂母乳再喂配方奶粉。

③ 保证好睡眠，多种应变方式

在妈妈困乏且奶量充足的情况下，可让家人在夜间将妈妈挤出的奶喂给宝宝，以保证妈妈有充足的睡眠。但应尽量使用汤匙、滴管、杯子等方式添加，不要让宝宝直接吸奶瓶的奶嘴，否则他（她）可能无法学会正确的衔乳方法。

④ 均衡膳食

很多人认为坐月子就是要大补，拼命吃各种油腻、高蛋白的食物；蔬菜和水果少吃，甚至不吃；每天进补各种浓稠的汤水。除了让妈妈长胖、乳腺堵塞、便秘以外，并不会有促进泌乳的作用。月子期里，妈妈想要奶水充足又不想变胖，就要遵循食物多样化的饮食原则。

> **提示**
>
> 尽量轮流用不同侧的乳房哺乳，能避免产生乳房一边大一边小的情况。

加碘食盐	<6g
油	25～30g
奶类	300～500g
大豆/坚果	25g/10g
鱼、禽、蛋、肉类	200～250g
• 畜、禽肉	75～100g
• 每周吃1～2次动物肝脏，总量达85g猪肝或40g鸡肝	
• 鱼、虾类	75～100g
• 蛋类	50g
蔬菜类	400～500g
• 绿叶蔬菜和红、黄色等有色蔬菜占2/3以上	
水果类	200～400g
谷薯类	300～350g
全谷物和杂豆	75～150g
薯类	75～100g
水	2100～2300ml

产妇膳食宝塔

丈夫的支持很重要

丈夫多关爱妻子，共同参与育儿，会让妻子在心理上感到带娃并没有那么辛苦。母乳妈妈"追奶"不易，当妻子母乳不足时，丈夫不要对妻子过多地指责或嘲笑，要理解她的角色转变很大时，无论从生理或者心理上都难以马上适应，难免出现焦躁、抑郁的情况。丈夫的嘘寒问暖和行动上的积极分担，能让妻子的育儿压力得到很大的缓解。一个家庭有了共同指向和目标，才能在今后琐碎的日子里走得更顺畅。

雨滴有话说

母乳喂养非常重要，但也要把握好坚持的度。如果你的身体确实不适合母乳喂养或者母乳量不能满足宝宝的生长发育所需，就不要一味地拒绝配方奶粉。一定要把妈妈和宝宝的身体健康放在第一位，该添加配方奶粉的时候还是要添加。

混合喂养中常见的问题

➡ 补授法和代授法，哪种比较好

在混合喂养时有两种喂养形式，即补授法和代授法。

不论采取何种方式的混合喂养，一定要保证宝宝有充足的奶量摄入，并且注意奶瓶喂养中的卫生问题。奶嘴和奶瓶每次用完都要消毒，防止宝宝长鹅口疮。

补授法		代授法
没吃饱 → 再补充		第1顿　第2顿

在喂完母乳宝宝还没吃饱的情况下给宝宝添加适量的配方奶粉，让宝宝消除因为母乳摄入不足而导致的饥饿感。

妈妈的乳房既得到了有效吸吮刺激，促进泌乳，又让乳房得到有效的休息，保证下一次的母乳供应。

配方奶粉完全替代一次或多次的哺喂，但总数不应超过一天总喂养次数的一半。

两种方法都是混合喂养的方式，一般不提倡代授法，这样会减少因宝宝吸吮对妈妈乳房产生的刺激，导致妈妈泌乳减少或消失。

➡ 宝宝对牛奶过敏，怎么办

宝宝的消化系统和免疫系统发育尚未完全，配方奶粉中未经完全分解的大分子蛋白质，容易穿过胃肠道屏障进入体内产生炎症反应，导致宝宝出现牛奶蛋白过敏的症状。牛奶蛋白过敏多发生在 1 岁以内的宝宝身上，症状多样化，常见的有大便有鲜血丝、腹胀、腹泻、呕吐，甚至脱水，诱发慢性缺铁性贫血等。对牛奶蛋白过敏的宝宝需要选用水解蛋白奶粉、氨基酸奶粉等，这些奶粉不含大分子蛋白质，可以有效减少，甚至避免过敏反应的出现。

皮肤症状
长湿疹、皮肤瘙痒及红肿

胃肠道症状
腹泻、呕吐、便秘或大便带血

➡ 母乳喂养的宝宝需要喂水吗

母乳中 80% 是水分，只喝母乳就能满足宝宝所需水分，因此，6 月龄以内母乳喂养的宝宝不需要喂水。若宝宝有腹泻、发热等症状时，可以适量补充喂水。

纯配方奶粉喂养或者混合喂养的宝宝可适当补充水分。待添加辅食后，在两餐之间适量补充水分，对宝宝的健康发育有好处。

胖宝宝真的健康吗

很多老人认为宝宝长得白白胖胖的就说明养得好，希望宝宝能多吃点、长胖点，并刻意增加配方奶粉的量。实际上，过度喂养对宝宝的健康发育有诸多不利的影响。建议父母做到按需喂养、合理喂养，让宝宝体重控制在正常范围内。

注意 过度喂养的危害

① 进食过多会加重宝宝胃肠的负担，影响胃肠功能。

② 容易造成营养过剩、肥胖，增加宝宝以后患慢性病，比如高血压、冠心病的风险。

③ 过度肥胖，可能会造成宝宝以后运动发育障碍及心理自卑等问题。

溢奶的处理

6 月龄以内的宝宝消化系统尚未发育成熟，出现溢奶现象很常见，一般到了 1 岁左右就会消失。溢奶主要和宝宝的生理特点有关。

➡ 溢奶的原因

"横着"的胃：

宝宝的胃比较水平，就像一个平放的啤酒瓶。

宝宝的胃

贲门括约肌松弛：

消化道肌肉发育不完善，入口（贲门）比较松，出口（幽门）比较紧，宝宝腹部稍微用力，胃内容物就容易反流到食管，产生溢奶现象。

哺乳方法不当：

哺乳方法不当时，宝宝很容易将空气一起吞入胃里，咽下的空气越多，越容易打嗝，从而引起溢奶的现象。

胃容量小：

宝宝胃容量小，很容易就被盛满，吃多了容易溢出来。

➡ 如何处理和预防宝宝溢奶

◆ 不要等宝宝饿到哭闹时才喂奶，最好在他平静、愉悦的状态下喂哺。

◆ 尽量让宝宝在醒着时喂奶，避免平躺时边喂奶边睡觉。

◆ 母乳喂养时，保证宝宝含着大部分乳晕，也可采用半卧位或者斜位的姿势喂哺。

◆ 奶瓶喂养宝宝时，要注意奶嘴的大小和流速。喂奶时奶嘴应充满奶，可以避免宝宝吸入过多空气。

◆ 尝试多次、少量喂奶，不要强迫喂养。

◆ 宝宝喝完奶 60 分钟内要避免大幅度地晃动，可以将宝宝竖抱 20 分钟左右或者让他趴在妈妈肩膀上，用空心掌轻拍其后背。注意，如宝宝没有频繁溢奶的话，就没有必要拍背。

呛奶的处理

宝宝轻微呛咳时，可以将他的脸侧向一边，轻轻拍他的背部。如果呛咳较严重，可以让宝宝上身呈 45°～ 60° 俯卧在大人的腿上，大人五指并拢，手指微微弯曲呈空心掌，用力拍打宝宝背部 4 ～ 5 次，让奶液流出。

提示

当宝宝出现以下几种症状时，说明情况极为危险，需马上拨打 120 急救电话。

● 哭声无力

● 憋喘

● 呼吸困难

● 脸色青紫

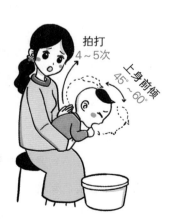

坚持科学喂养，宝宝健康有保障

很多人会说宝宝出现溢奶是因为胃食管反流。溢奶确实属于一种生理性的反流现象，但我们也要警惕病理性的胃食管反流，这种反流往往出现得很频繁，常伴有哭闹、频繁吐奶、体重不增或者是增长缓慢，严重影响宝宝的生长发育，建议及时就医。

哺乳期的用药问题

越来越多的妈妈在产后都愿意选择母乳喂养，虽然面临诸多困难，但也都尽力坚持，可见母爱之伟大。

但生病和药物使用是妈妈坚持母乳喂养道路上的"拦路虎"之一，不少妈妈因吃药而中断了母乳喂养。也有很多妈妈惧怕药物影响宝宝，因此生病了硬扛着不敢吃药，导致病情一拖再拖，最终受苦的还是宝宝和妈妈。

实际上，这些担心都是没有必要的，因为很多药物可以在哺乳期安全使用。

哺乳期安全用药原则

根据药物在体内清除的规律，每一种药物都有自己的半衰期（简单来说就是身体代谢药物所需要的时间）。一般认为，经过 5～6 个半衰期，药物就能从体内基本清除，妈妈就可以恢复正常哺乳了。

例如在哺乳期因乳腺炎而必须使用的青霉素类药物，说明书里标注的半衰期（有些说明书上叫做"消除半衰期"，或者用"T1/2"表示）是 6 个小时左右，经过 5 个半衰期的时间，药物就能在体内基本清除，因此用半衰期的数值 6 乘以 5，就能算出大概需要 30 个小时，药物才可以从身体里完全清除。也就是说，服药后 30 个小时左右可以恢复哺乳（其间的母乳挤出来并丢弃）。

每种药物的半衰期不一样，一般在药物说明书中的"药代动力学"部分会提到，服药前可提前查看。

➡️ **哪些药物可以在哺乳期安全使用**

第一，评估是否需要用药，有自愈倾向疾病的妈妈能不用药就不用，对于疗效不明确的药物不推荐使用。

第二，在不影响疗效的情况下，能用外用药解决的就不选择口服药，能口服用药就不选择静脉用药。尽量选择单一成分的药，避免使用复合制剂药物。

第三，尽可能选择在喂奶结束后或宝宝进入长睡眠状态后用药。

第四，建议避开血药浓度最高时喂奶，可以按照药物说明书上的半衰期推算。

第五，识别用药的安全等级。除了药物说明书，评价哺乳期药物安全性时用得最多的是 Hale 教授的 L 分级，也叫作哺乳风险等级。这个标准把药物在哺乳期的安全性分为 5 个级别。他认为 L1 级和 L2 级的药物在哺乳期是可以安全使用的；L3 级的药物属于中等安全，需要权衡利弊后使用；L4 级或 L5 级的药物使用时可能有风险，使用后需要暂停母乳喂养。

➡️ **哺乳期常见病的安全用药推荐**

◆ 感冒

· 发热：体温 38.5℃以上，非常难受的可以选用对乙酰氨基酚或布洛芬退热。

· 鼻塞、流涕：可使用生理性海盐水喷鼻，或用水蒸气熏鼻的方式缓解。

· 咳嗽有痰：推荐化痰的药，如乙酰半胱氨酸。

· 干咳：使用右美沙芬。

· 咽喉痛：可用淡盐水漱口，如仍不能缓解，可含服润喉糖（偶尔服用），严重者可服用布洛芬止痛。

◆ 乳腺炎

常规使用的抗生素，如青霉素或头孢类都是可以安全使用的药物。服用时可以观察宝宝是否有腹泻症状，如症状轻微可继续服药，如症状严重则需停止哺乳或咨询医生更换药物。

◆ 荨麻疹、湿疹等皮肤疾病

尽量避免抓挠，瘙痒剧烈时除了外涂炉甘石洗剂，也可以使用丁酸氢化可的松或莫米松等弱效激素药膏，同时口服氯雷他定抗过敏。如反复发作，应及时就医。

辅食喂养

宝宝第一顿辅食该吃什么，怎么吃？吃了辅食还需要喂奶吗？如果不吃哺食怎么办？这些都是新手父母尤为关心的问题。

虽然各大网络平台都在分享科学喂养的知识，但面对不肯吃辅食的宝宝，父母总是束手无策。平时坐诊时，我也会遇到很焦急的父母，他们总是担心宝宝吃得不够饱、长得不够胖、长得不够高。

母乳能喂到什么时候

很多妈妈还是会被"母乳过了 6 个月就没营养"这种老旧观念所影响，质疑母乳的质量。实际上，母乳一直是宝宝最安全、最营养的食物。美国儿科学会建议母乳喂养至少到宝宝 1 岁，世界卫生组织和中国营养学会也推荐母乳喂养至少到宝宝 2 岁。至于能喂到多久，见仁见智。个人建议最晚不超过 3 岁，现在的宝宝基本上是 3 岁上幼儿园。在这之前断奶，有助于培养宝宝的独立性。

添加辅食的信号

世界卫生组织建议，宝宝满 6 个月后应该在添加辅食的基础上继续母乳喂养至 2 岁，甚至更久。这并不代表母乳在宝宝满 6 个月后就没营养，而是因为 6 个月后的宝宝对营养的需求更高、更全面，这时母乳中的铁元素等各种营养素的含量已经不能满足宝宝的营养需求；若不及时添加含铁食物，会影响宝宝对铁元素的摄入，导致患上缺铁性贫血。所以，及时给宝宝添加含铁的辅食十分重要。

　　添加辅食的时间并不是"一刀切"，需要根据宝宝传递给父母的信号来判断。

　　妈妈可以通过以下几点，结合自己宝宝的实际情况，判断是否开始添加辅食。

 身体发育呈良好的增长趋势

☑ **体重增长**

体重达到出生时的2倍，至少达到6kg。

☑ **吃不饱**

原来能一夜睡到天亮，现在却经常半夜哭闹；每天母乳喂养次数增加到8～10次或喂配方奶粉1000ml，但仍宝宝处于饥饿状态，一会儿就哭，想吃。

☑ **动作发育**

宝宝能控制头部和上半身，能扶着或靠着坐，胸能挺起来，头能竖起来，能通过转头、前倾、后仰等来表示想吃或不想吃，这样就不会发生强迫喂食的情况。

☑ **伸舌反射**

伸舌反射一般到4个月前后才会消失。如果此时一味地硬塞、硬喂，不仅父母有挫折感，也让宝宝觉得不愉快，不利于宝宝良好饮食习惯的培养。

 对大人吃东西的行为感兴趣

☑ **行为**

如别人在宝宝旁边吃饭时，宝宝会感兴趣，目不转睛地盯着看，还有动嘴巴的动作，可能还会来抓勺子、抢筷子。

☑ **对"吃"感兴趣**

不管是什么东西，宝宝拿起来就往嘴巴里塞，说明宝宝对吃饭有了兴趣。但是此时一方面要注意卫生，另一方面要注意安全，一旦发生误吞，十分危险。

☑ **对食物感兴趣**

当父母舀起食物放进宝宝嘴里时，他会尝试着舔进嘴里并咽下，笑着显示很高兴、很好吃的样子，说明他对吃东西有兴趣，这时就可以放心喂食了。如果宝宝将食物吐出，把头转开或推开父母的手，说明不要吃，也不想吃。父母一定不能勉强他，可以隔几天再试试。

坚持科学喂养，宝宝健康有保障

《中国居民膳食指南 2016》中明确指出，12 月龄内的宝宝以奶类为主食。

对于 7 ～ 24 月龄的宝宝，母乳仍然是其重要的营养来源，但单一的母乳喂养已经不能完全满足其对能量及营养素的需求，必须引入其他营养丰富的食物。

7 ～ 12 月龄的宝宝身体所需能量的 1/3 ～ 1/2 来自辅食，13 ～ 24 月龄的宝宝所需的 1/2 ～ 2/3 的能量来自辅食。开始添加辅食后，母乳（配方奶粉）仍是宝宝的主食，应保证每天达到 800 ～ 1000ml 的奶量，切不可为了让宝宝多吃辅食而减少奶量。

不同月龄宝宝的奶量需求		
月龄	每天喂哺的母乳量	每天母乳喂养次数
7 ～ 9 月龄	不低于 600ml	不少于 4 次
10 ～ 12 月龄	约 600ml	4 次
13 ～ 24 月龄	约 500ml	1 ～ 2 次

➡ 母乳（配方奶粉）与辅食的配比

5 ～ 6 月龄的宝宝推荐每天添加 2 顿辅食，可以在 2 顿奶之间添加。

➡ 如何安排母乳（配方奶粉）与辅食的进食时间

以一天的时间安排为例
* 在母乳喂养的情况下，母乳喂养的频率是辅食的 1～2 倍

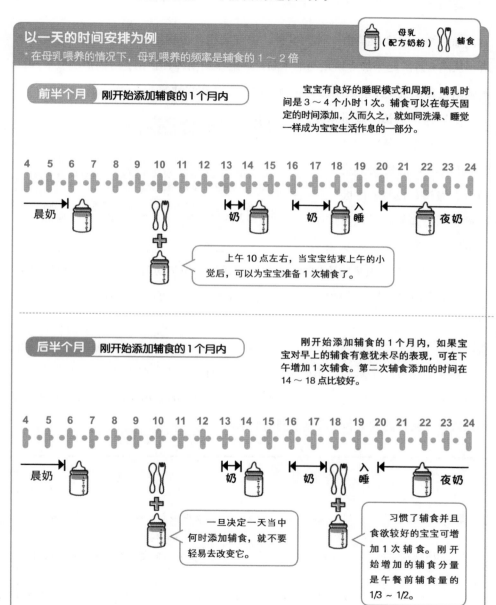

前半个月 刚开始添加辅食的 1 个月内

宝宝有良好的睡眠模式和周期，哺乳时间是 3～4 个小时 1 次。辅食可以在每天固定的时间添加，久而久之，就如同洗澡、睡觉一样成为宝宝生活作息的一部分。

晨奶 　 　 　 奶 　 　 奶 入睡 　 夜奶

上午 10 点左右，当宝宝结束上午的小觉后，可以为宝宝准备 1 次辅食了。

后半个月 刚开始添加辅食的 1 个月内

刚开始添加辅食的 1 个月内，如果宝宝对早上的辅食意犹未尽的表现，可在下午增加 1 次辅食。第二次辅食添加的时间在 14～18 点比较好。

晨奶 　 　 　 奶 　 　 奶 入睡 　 夜奶

一旦决定一天当中何时添加辅食，就不要轻易去改变它。

习惯了辅食并且食欲较好的宝宝可增加 1 次辅食。刚开始增加的辅食分量是午餐前辅食量的 1/3～1/2。

坚持科学喂养，宝宝健康有保障

辅食添加原则应是由一种到多种、由细到粗、由稀到稠、由少到多，循序渐进。从满 6 月龄起添加含铁量高的米粉，逐渐添加到多种食物。应提倡顺应喂养，不强迫进食。宝宝 1 岁内不加调味料，如糖、盐和酱油等。

添加辅食之初，每引入一种新的食物应待宝宝适应 2～3 天，并密切观察宝宝是否有腹泻、皮疹、呕吐等不良反应。如果是过敏体质的宝宝，观察天数可延长至

> **注意** 这些还不能吃
>
> ① 鲜奶、酸奶等奶制品的蛋白质和矿物质含量远高于母乳，会增加 1 岁以内宝宝的肾脏负担，建议 1 岁后再食用。
> ② 蛋白粉、豆奶粉的营养成分和鲜奶等奶制品的营养成分有较大差异，不建议作为常规婴幼儿食物。

3～5 天。建议父母做食物添加笔记，待宝宝适应一种食物后再添加其他新的食物。

宝宝患病时应暂停添加新的食物，已经适应的食物可以继续喂养。

➡ 如何添加辅食

辅食添加分 3 个阶段。第一阶段为 5～6 月龄，第二阶段为 7～8 月龄，第三阶段为 9～11 月龄。这 3 个阶段主要根据宝宝的咀嚼和消化能力的发育来划分。不同阶段对食材的大小和硬度有不同的要求。

月龄	食物性状	食物种类
5～6 月龄	泥状	米粉中混入一些菜泥、水果泥等
7～8 月龄	粒状	肉末、菜末、蛋黄、豆腐粒、水果粒等
9～11 月龄	小方块、碎块、细碎块	软面、鱼肉及其他碎肉、豆制品、水果等

➡ 根据情况具体安排

即使宝宝辅食添加过程没有按照上述阶段发展，喂养困难，父母也不要给自己和宝宝太大压力。各个宝宝的发育情况和喜好都不同，请记住，任何育儿书籍并非绝对标准答案，只是让你参考而已，一切还是以你和宝宝的实际情况为主。辅食阶段完成大约需要 1 年，宝宝的发育并不是在一条直线上，而是有波动的，可能有段时间突然猛长，之后又停滞一段时间，这种情况经常发生。所以，这里介绍的进程只是一个参考，具体进度需要根据宝宝的个体情况来安排。

需要做检查再补充营养素吗

在儿科门诊中，父母问得最多的问题是："我家宝宝长得不够高，需要补点钙吗？""我家宝宝看起来很瘦小，能不能做微量元素检测？""除了吃鱼肝油，还需要补充些什么吗？"

随着各种儿童保健品的夸大宣传，加上各种母婴店和代购人员的极力推荐，现在的父母越来越关心宝宝体内的微量元素是否充足。

➡ 有没有必要做微量元素检测

微量元素包括铁、铜、锌、钴、锰等。目前最常见的微量元素检测项目是铜、铁等，还有钙。

很多父母认为宝宝生长发育需要补充大量的微量元素。但实际上，宝宝所需要的微量元素和维生素的量少，大部分健康的宝宝通过均衡饮食就能满足营养需求。

宝宝头发黄、枕秃、出汗较多或体重增长不明显的时候，父母就会归咎于宝宝微量元素缺乏。

> **提示**
>
> 早在 2013 年，国家卫计委（现改名为国家卫生健康委员会）办公厅就明确提出：非诊断治疗需要，各级各类医疗机构不得针对儿童展开微量元素检测。因此，不宜将微量元素检测作为儿童体检等普查项目。

末梢血检测不仅不能保证取样时血液不被酒精、组织液稀释，而且钙、铁、锌等元素并不能完全在血液里检出准确的数值，所以检测结果是有误差的。至于通过头发来检测微量元素的做法，更是缺乏科学依据。

中华医学会儿科学分会曾经对此进行论证，得出结论是，大多数医疗单位的微量元素检测结果，在诊断微量元素缺乏方面的参考意义不大。而目前国际上对微量元素的检测并没有一个准确统一的标准，也就是说并没有一种检测结果是完全可靠的。由此可见，当宝宝发育正常时，不必担心缺乏微量元素，也不用过多地去检查。

很多微量元素之间存在一个平衡状态，若刻意补充一种或几种元素，反而会造成人体对其他元素的吸收相对减少，即"补了这个缺那个"。如多补充铁，就会影响到锌的吸收；过量地补充钙，可能导致铁和锌无法很好地被吸收。

➡ 有这些情况的宝宝才需要做微量元素检测

健康宝宝是无需做该检测的，只有个别在微量元素吸收或利用方面有障碍的宝宝才需要进行微量元素检测。如以下情况：

◆ 早产儿、某些先天性遗传病患儿。

◆ 宝宝出现不明原因的慢性腹泻、反复呼吸道感染、发育迟缓、严重偏食、挑食等。

◆ 经专业儿科医生评估后认为需要通过微量元素检测来协助进行诊断时。

雨滴有话说

需要注意的是，即便是医生认为需要进行微量元素检测，也只是将该检测结果作为诊断的辅助参考，并不是直接认定检测结果。儿科医生会根据宝宝的临床症状和表现，结合该检测结果来进行评估和开具治疗方案。至于是否需要补充微量元素及补什么、补多少，则需要由专业的医生来判定。

钙元素

钙元素是构成人体骨骼、牙齿的主要成分，同时也是凝血因子，能够降低神经和肌肉的兴奋性，预防肌肉痉挛（尤其是运动时）。

胎儿快速发育期间需要大量的钙质，所以妇产科医生会建议孕妈妈在孕中期开始预防性地补充钙剂。

我们都知道人体的骨骼生长发育离不开钙，所以很多父母以为给孩子补钙可以帮助其长得更高、更快，这其实是一种误区。过度补钙，不但会影响身体对铁、锌等营养素的吸收，还可能带来肾结石等危害。

月龄/年龄	钙的每天推荐量（mg）	钙的每天最大摄入量（mg）
0～6月龄	200	1000
7～12月龄	250	1500
1～3岁	600	1500
4～6岁	800	2000
7～10岁	1000	2000
11～13岁	1200	2000
14～17岁	1000	2000

➡ 骨密度与钙的关系

现在医院的仪器设备越来越多，部分医院引进了骨密度检测仪器，并宣称大人、儿童都适用。

目前市面上使用比较广泛的是超声波检查仪。对于主要骨骼都已经钙化的成年人，骨密度的测量可以有效评估骨骼的含钙量，有助于判断是否缺钙，但最终诊断还是要根据临床表现作综合评估，不能单凭一个检查下诊断。

提示

骨密度检查主要是根据骨骼透射程度来完成的。根据这个原理，骨骼含钙量越大，透射的程度就越低；而骨骼含钙量相当低的话，就会有很大的透射量。

对于宝宝来说，由于骨骼基本上都处于钙化不全的状态，骨头尚未长成，骨头矿物质含量也比成年人低，这些都会影响检测结果，因此不能作为诊断标准。所以，骨密度检查一般是成年人可以查，宝宝不需要。

◆ 骨密度低意味着缺钙吗

骨密度确实能反映骨骼内钙质沉积的程度。成年人骨密度低可以说明有缺钙倾向，但是宝宝本身处于生长高峰，骨骼在不断拉长、拉粗，骨骼生长激素水平处于增高状态，所以单位容积沉淀下来的钙质数值偏低属于正常现象。

➡ 如何判断宝宝是否缺钙

我们通常说"宝宝缺钙"，其实是缺维生素D。判断是否缺钙，要结合宝宝体内维生素D的含量、饮食习惯和饮食结构、生长曲线等综合考量，而不是单凭血钙量或骨密度来判断。

◆ 佝偻病是缺钙的表现吗

婴幼儿佝偻病主要是维生素D缺乏引起的。只补充钙制剂，不补充维生素D，是不科学的。母乳喂养或每天喝400ml以上牛奶的宝宝，一般不会缺钙，不需要额外补充钙制剂。

月龄/年龄	钙的每天推荐量（mg）	每天摄入奶量
0～6月龄	200	母乳或配方奶粉600ml以上
7～12月龄	250	母乳或配方奶粉600～800ml
1～3岁	600	牛奶或酸奶350～500ml
4～6岁	800	奶类及奶制品300～400ml

如何通过食物科学补钙

钙的食物来源丰富，想要补钙，建议首选食物。

☐ 无论是孕妇、老人还是宝宝，都建议首选食物补钙。实在补充不了，再选择相应保健品或者药品。

☐ 食补可选择牛奶或者奶制品、豆制品、深绿色蔬菜等，在遵循均衡膳食的前提下，每天饮食中能保证300ml奶类或奶制品、500g深绿色蔬菜的摄入量，再配合其他多样化的日常食物，基本可以满足人体对钙的日常需求。

☐ 平时多晒太阳，在天气情况允许的条件下保证每天30分钟以上的户外运动。根据个人情况适当补充维生素D，能更好地促进钙吸收。

LESSON
雨滴小课堂

Q: 补充维生素 AD 还是维生素 D 好？

A: 维生素 A 缺乏仍然是世界上主要的营养素缺乏症，特别是发展中国家。据统计，全球有 1.9 亿名学龄前儿童缺乏维生素 A，每年有 25 ~ 50 万名儿童因此失明，其中有一半在失去视力的 12 个月内死亡。我国 12 岁及以下儿童维生素 AD 缺乏的患病率为 5.16％，可疑亚临床维生素 AD 缺乏的患病率为 24.29％，农村儿童病发率高于城市儿童；单纯维生素 D 缺乏集中在 3 岁以上儿童。

人群	维生素A（ugRAE / d）		食物来源
	推荐摄入量 （RNI）	可耐受最高摄入量 （UL）	
新生儿	300 （1000IU）	600 （2000IU）	母乳、配方奶粉、维生素AD制剂
6月龄至1岁宝宝	350	600	母乳、配方奶粉、维生素AD制剂、辅食
1~3岁宝宝	310	700	母乳、配方奶粉、维生素AD制剂、饮食
4~6岁宝宝	360	900	奶类及奶制品、富含β-胡萝卜素的食物
7岁宝宝	500	1500	奶类及奶制品、富含β-胡萝卜素的食物

维生素 A 缺乏会导致夜盲症、眼干燥等眼部症状，损伤黏膜上皮组织，打乱免疫平衡及增加患贫血、反复呼吸道感染和泌尿道感染的概率。

维生素 D 缺乏会增加患佝偻病、感染性疾病的概率。

维生素 A 主要存在动物源性食物或胡萝卜等深色蔬菜中，但由于烹调不当和搭配食物营养不够丰富，往往导致部分宝宝蔬菜、肉类中维生素 A 原的吸收较低。

Q： 如何摄入足够的维生素 A？

A： 对于纯母乳喂养的宝宝，只需要妈妈补充足够的维生素 A 即可。1～3 岁的宝宝每周摄入 20g 动物肝脏、1 个鸡蛋、1 瓶牛奶、适量菠菜或胡萝卜，就不需要额外补充维生素 A。宝宝挑食明显或食谱单调的，可按需补充维生素 A。

不确定是否缺乏的宝宝可使用下面两种补充方式：① 今天 1 粒维生素 AD 制剂，明天 1 粒维生素 D，交替补充；② 平时每天补充维生素 D，隔几天换成维生素 AD 制剂，交替补充。

Q： 维生素 D 需要补充到几岁？

A： 至少补充到 2 岁，但新的育儿观点认为可补充到青少年时期，甚至终身。

Q： 维生素 D 补多了会中毒吗？

A： 在推荐量范围内给宝宝补充维生素，就不会出现中毒现象。如果给宝宝补充了维生素 AD 制剂，就不要同时补充维生素 D 制剂，选择 1 种即可。

Q： 鱼肝油就是维生素 AD 吗？

A： 老百姓常把维生素 AD 滴剂称为鱼肝油。但这两者是不同的。

鱼肝油是从鲸、海豹、鲨鱼、鳕鱼等动物肝脏中提炼出来的脂肪，呈黄色，有腥味，主要含有维生素 A 和维生素 D，两者的常见比例为 10：1，不适合孩子服用。

维生素 AD 滴剂是维生素 A 和维生素 D 以 3：1 比例配制而成的，可以用于防治佝偻病、夜盲症、干眼症及小儿手足抽搐症等。

Q： 配方奶粉里本含有维生素 D，奶粉喂养的宝宝还需额外补充吗？

A： 不论怎样的喂养方式，都需要每天补充维生素 D。美国儿科学会建议：宝宝从出生 2 周左右开始就应保证每天摄入预防量为 400IU 的维生素 D；1～70 岁（包括孕妇及哺乳期女性）的人群每天应保证摄入维生素 D 600IU。

Q： 补充维生素 D 需要固定时间吗？是否早上服用比较好？

A： 不用固定时间，一天中的任何时候都可以补充。

Q： 这两天忘了给宝宝服用维生素 AD，怎么办？

A： 维生素 AD 属于脂溶性维生素，能储存在肝脏慢慢释放使用。如果连续 3 天忘记服用，可以一次性给宝宝补充服用。偶尔漏补一两天也没关系，家长无需过分担心。

Q： 有腹泻、湿疹等症状时需要暂停服用吗？

A： 可以继续服用。目前没有任何证据表明补充维生素 D 会加重腹泻、湿疹等症状。

📖 **参考文献**

[1] BC Guidelines.ca: Vitamin D Testing (2019). https://www2.gov.bc.ca/gov/content/health/practitioner-professional-resources/bc-guidelines/vitamin-d-testing.

[2]World Health Organization. Global prevalence of vitamin a deficiency in populations at risk 1995-2005: Who Global Da-tabase on Vitamin a Deficiency[R]. Geneva: World Health Organization, 2009.

[3] Song P, Wang J, Wei W, et al. The prevalence of vitamin a deficiency in chinese children; a systematic review and bayesian meta-analysis[J]. Nutrients, 2017,25 ,9(12) :1285.

坚持科学喂养，宝宝健康有保障

铁元素

世界卫生组织相关调查表明，全球有大约 50% 的儿童和 40% 的孕妇存在不同程度的缺铁性贫血。铁缺乏症几乎成为全球性的营养性疾病。

➡ 宝宝缺铁有哪些危害

◆ 有面色及口唇苍白、食欲下降、烦躁不安、精神萎靡等症状。

◆ 严重缺铁时甚至会损害大脑发育，影响宝宝的认知发育、学习能力和行为发育，影响将持续到儿童期，且是不可逆的损害。

➡ 宝宝为什么会缺铁

◆ 铁摄入不足

宝宝在妈妈肚子里的最后 3 个月是储备铁最多的时期，正常足月的宝宝从母体储备的铁可以供出生后 4～5 个月所需。对于早产宝宝来说，因为提前离开母体，先天储备的铁不足，缺铁则无法避免。

◆ 喂养不当

辅食添加早于 4 个月或晚于 7 个月，以及添加种类过于单一，这些都属于喂养不当的行为，容易导致缺铁性贫血。

◆ 铁丢失过多

慢性腹泻、反复感染也会影响铁的吸收、利用和增加铁的消耗。消化系统疾病导致铁缺乏的情况较多见。

➡ 如何预防缺铁

◆ 坚持母乳喂养

每 1000ml 母乳含铁量仅有 1.5～2.0mg，但吸收率达 45%～75%，而牛奶中的铁吸收率仅有 10%。

◆ 辅食添加合理、均衡

选择富含铁的辅食，比如强化铁米粉；混合喂养 4 个月或母乳喂养第 6 个月开始添加强化铁的米粉，之后是富含铁的蛋黄（7 个月可吃全蛋）、鱼泥、肝泥等食物。适量增加富含维生素 C 的深绿色蔬菜及水果，促进铁的吸收。

◆ 定期体检并进行血常规检查

缺铁性贫血在早期不易被发现，建议宝宝 1 岁内至少检查 2 次血常规，1 岁以后每年检查 1 次，以便及时发现是否贫血。

雨滴有话说

缺铁性贫血的宝宝如果血红蛋白低于 90g/l 则不能单纯靠食物补充，需要在监测血常规的情况下补充铁制剂。但请不要擅自给宝宝补充铁制剂，补铁不恰当可能引起恶心、腹痛、呕吐、便秘、排黑便、厌食等不良反应。

3 月龄就有贫血的宝宝，应及时到医院检查是否患有地中海贫血。

锌元素

锌是人体必需的微量元素之一，在人体生长发育、生殖、免疫、内分泌等重要生理过程中起着极其重要的作用。

➡ 宝宝缺锌有哪些危害

◆ 免疫力低下

缺锌会影响体液及细胞免疫功能，导致宝宝经常出现感冒、腹泻等疾病。

◆ 食欲降低

缺锌常引起口腔黏膜增生及角化不全，影响味觉，从而影响食欲，严重的可能会出现异食癖，如喜欢吃纸、吃泥土、啃墙皮等。

◆ 智力发育落后

缺锌会导致宝宝大脑中的 DNA 和蛋白质合成障碍，从而影响脑部发育，造成智力发育落后。

◆ 生长发育迟缓

缺锌会影响细胞代谢，影响生长激素的功能，导致宝宝生长发育迟缓。

◆ 皮肤病

缺锌会导致受损伤口不易愈合，反复出现口腔溃疡等皮肤黏膜损伤。

➡️ 如何判断宝宝缺锌

虽然宝宝缺锌时会出现上述各种症状，但这些症状都具有普遍性，其他疾病也会导致这些症状产生。血清锌可部分反映人体锌的营养状况，但缺乏敏感性，锌轻度缺乏时无法检测出来。

想精确判断宝宝缺不缺锌，不能仅凭某个指标，应该结合膳食营养情况、生长发育趋势及血液中的含锌量来判断。

> **提示**
>
> 仅凭抽血检查来确定是否缺锌并不准确，也没有必要给孩子做微量元素检测。

宝宝在什么情况下会缺锌

☐ 膳食搭配不合理

通常情况下，植物性食物含锌量低且不好吸收，所以，长期以素食为主，缺乏如肉、蛋、奶、动物肝脏等食物，是导致宝宝缺锌的重要原因。

☐ 长期腹泻、呼吸道感染

宝宝长期腹泻或者呼吸道感染，锌丢失增加，使锌吸收减少而导致缺锌。另外，长期腹泻还会导致肠道黏膜受损，而缺锌使肠道黏膜恢复缓慢，导致免疫力下降，致使腹泻反复发作。

如果有以上情况，可酌情考虑给宝宝补充锌。

➡ 如何正确补锌

◆ 营养均衡，膳食搭配合理

如果宝宝是因为挑食、偏食、长期吃素导致缺锌，建议优先调整饮食结构。

◆ 添加富含锌的食物

动物性食物的含锌量比较高，如肉、动物肝脏及贝类食品含锌丰富，人体吸收率高。

◆ 选择补充剂

当宝宝缺锌，饮食结构又不能及时调整时，可在医生的指导下选择锌制剂补充。对有明显缺锌症状的宝宝，千万不能听信广告宣传盲目补锌，最好先带宝宝到医院就诊，排除其他疾病的可能，才能在医生的指导下补充锌制剂。

月龄/年龄	锌的每天推荐摄入量（mg）
0～6月龄	2
7～12月龄	3.5
1～3岁	4
4～6岁	5.5

益生菌

"我的宝宝过敏了。听说吃益生菌有效，可以给他吃吗？"

"我的宝宝抵抗力差，总是生病，需要吃益生菌吗？"

现在，益生菌的功效被各种母婴店、海外代购"捧上天"，堪称最热门的网红产品。便秘要吃、消化不良要吃、腹泻要吃、腹胀要吃、过敏要吃……简直"包治百病"，有病治病，无病强身，反正没什么坏处。可事实真的如此吗？

➡ 益生菌的作用

国际科学学会定义益生菌是"摄入足够量后，对宿主有益的活的微生物"。"活"是益生菌的基本要求。益生菌是个大家庭，家族成分复杂，一般人很难分清。目前益生菌的种类里，用得最多的是乳酸杆菌、双歧杆菌和布拉氏酵母菌，而这里面的双歧杆菌类对宝宝的健康成长有着重要作用。益生菌吃到一定数量的时候，对人体健康是有帮助的。

如果益生菌按照产品分类，还可分为药品、保健品、酸奶及其他饮料等。

肠道是人体消化、吸收营养物质的主要器官之一；但同时，食物残渣和产生的毒素也会堆积在此。为了健康，我们的身体在肠道黏膜配置了巨噬细胞、T淋巴细胞、NK细胞等大量免疫细胞。可以说，人体免疫系统约70%集中在肠道。

对于"凶残"的病原菌，仅仅靠免疫细胞作战是不够的，肠道里的有益菌和病原菌常"短兵相见"，通过分泌抗菌肽、有机酸等组成的益生菌军团可以杀死"敌人"。

人体内的益生菌可以调节肠道菌群平衡，帮助人体合成B族维生素等营养素，促进肠道健康。

对于长期使用抗生素或者腹泻造成肠道菌群失调的人，保证每次补充足量益生菌，效果是非常不错的。如果没有服用足量的益生菌，就不能保证起到应有的作用。例如，绝大部分乳酸菌会被胃酸杀死，只有少数"幸运儿"能幸存下来，发挥作用。

益生菌可以治疗腹泻吗

宝宝腹泻时可以补充益生菌。腹泻的病因有很多种，最好先查清腹泻是何种原因引起的，对症治疗后再考虑使用益生菌，这样才能保证治疗效果。解稀水样便时，如伴有下腹痛、恶心呕吐、发热等症状，极有可能是感染性腹泻，只补充益生菌是不够的，应尽快就医。

通常使用止泻药物后，加入益生菌 1 ~ 3 天就可以得到明显改善。但肠道好菌群数量不够，无法构筑肠道黏膜的微生态防御战线。建议腹泻症状好转后，继续补充几天益生菌，以保护容易受伤的肠黏膜，以免拖延病情。

益生菌可以治疗便秘吗

有研究表明，有相当部分顽固性便秘者的肠道菌群处于紊乱状态。如果补充合适、足量的益生菌，可以促进肠道平滑肌收缩，加快肠蠕动而有利于排便；还能促进肠道产生多种有机酸，有助于软化粪便。

但治疗便秘，单靠补充益生菌是不够的，需要饮食习惯、生活规律等多方面调节、配合。

益生菌可以治疗湿疹吗

益生菌可以治疗湿疹，但只对牛奶蛋白过敏性湿疹有用。有相关研究表明，过敏的人，肠道内好菌数量比较少。持续补充特定益生菌，同时不接触过敏原，也能改善湿疹。

益生菌可以提高免疫力吗

肠道是人体最大的免疫器官。肠道里有好菌群和坏菌群，两者保持平衡，构建了健康的肠道内环境。倘若坏菌群多了，肠道不够健康，就会出现便秘或腹泻的症状，人体也会处于免疫力低下的状态。

提高免疫力，需要适当让宝宝接触大自然，多到户外玩耍，不要太过于讲究卫生干净。及时接种各类疫苗，保持合理、健康的饮食习惯及良好的起居生活习惯，这样多方努力，才能打好基础。"靠一种东西就能提高免疫力"，这种说法是不正确的。

➡ 益生菌怎么吃才有效

◆ 建议用 40℃以下的温水或者牛奶冲泡。记住不能用开水冲泡，因为益生菌是冻干活菌，开水一泡，活菌就失效了。

◆ 泡完马上给宝宝喝，最迟不能超过半个小时。益生菌很娇嫩，放置时间长，药效急剧下降。

◆ 和抗生素、蒙脱石散一起服用时，需要间隔至少 2 个小时。

◆ 益生菌最好是在饭后 30 分钟内服用。饭后胃酸浓度降低，更有利于活菌顺利地到达胃部发挥作用。

◆ 对牛奶、鸡蛋过敏者，要避免选用含有乳制品、鸡蛋成分的益生菌。

➡ 如何合理选择益生菌

◆ 菌种多

由于健康人体肠道里有高达 1000 多种细菌，菌株 8000 多种，所以要选择菌株多的益生菌，至少要有 4 种以上的好菌株。

◆ 菌量多

人体自身就携带近 100 万亿个细菌，所以要选择每袋至少有 80 亿以上活菌的产品。

◆ 耐胃酸

益生菌对人体免疫系统而言是"外来物"，容易受到"抵制"，且胃酸是杀灭益生菌的高手，所以要选择耐胃酸、能在肠道定植的产品。

◆ 活菌数随着保存时间延长逐渐减少，应尽量挑选最新生产的。

◆ 买的时候要选择正规厂家，明确标明菌种和菌株的益生菌，只写了菌种而不写菌株的都不合格。

> **提示**
>
> 　　益生菌并非神药，如果要提高抵抗力，建议从宝宝充足睡眠、勤洗手、规律作息等方面着手，不要妄想仅靠服用益生菌就能提高免疫力。

关于其他营养素

➡ 蛋白粉

蛋白粉主要是补充蛋白质的，对提升人体免疫力并没有显著效果。

蛋白粉对于运动健身者、进食困难的老年人及特殊患者更合适。孩子只要每天均衡饮食，保证每天 600 ～ 800ml 摄奶量，肉、禽、蛋摄入充足，就完全没有必要额外补充蛋白粉。过度补充，反而会增加肝肾负担。其实绝大多数保健品只是起到心理暗示的作用，让人感觉吃后身体会更好。想要保持健康身体，只要做到好好吃饭、适量运动、保持心情愉悦。

➡ DHA

"脑黄金 DHA"的广告语让人感觉 DHA 稀缺又珍贵。实际上，DHA 是广泛存在于鱼类中的一种不饱和脂肪。

根据美国食品药品监管局（FDA）的建议，每周食用 350g 低汞、高 DHA 的鱼类就可以满足身体需求了（每周 2 ～ 3 次，每次 100 ～ 150g）。可以选择的鱼类有秋刀鱼、小黄花鱼、鲅鱼、鲷鱼、带鱼、鲑鱼等。

目前并没有确切的证据证实 DHA 可以提高宝宝的智力，但一定程度上有利于宝宝的视力发育。如果不能保证 DHA 规律摄入，平时可以适量补充。

➡ 牛初乳

牛初乳是牛宝宝的食物，妈妈的初乳才是宝宝的食物。

牛初乳中的免疫蛋白和母乳不一样，营养比例不适合宝宝，并且没有增强抵抗力的功效。

牛初乳含有丰富的营养物质，也有很多抗体，但是一般需要经过消毒才能给宝宝食用。这样一来，各种抗体蛋白的性质发生了改变。即使宝宝吃了，也没有什么实质上的效果。

> **提示**
>
> 国家卫计委 2012 年规定婴幼儿配方食品中不得添加牛初乳，也不能用牛初乳生产乳制品。

雨滴小课堂

LESSON

Q: 我家孩子最近不爱吃饭又挑食，怎么办？每次吃饭都是一场"拉锯战"，让人十分疲惫。

A: 孩子不爱吃饭的原因有很多，挑食是其中之一。可参考以下方法改善：

一、做好榜样，言传身教很重要

宝宝的学习模仿能力很强，父母应该做好榜样，避免不好的饮食习惯，不要偏食、挑食或用零食当主食，否则宝宝会跟着大人学，又怎么能好好吃饭呢？

二、食物清淡、多样化

一方面，不要给宝宝过早地加盐、糖等调味料，建议 1 岁以内的宝宝不要吃盐。因为食物中本身就含有足够的钠，过多摄入盐和糖，对身体健康不好。

另一方面，清淡口味更容易让宝宝习惯并喜欢上食物本来的味道，这就让喂养变得非常顺利。任何简单的食物都能得到他的喜爱。如果过早地添加盐和糖，容易让宝宝喜欢上重口味的食物，对食物味道更挑剔。

三、创造愉悦的进餐环境

最忌讳在吃饭的时候吵架或训斥宝宝，这样容易让他因为强烈的外界刺激而精神紧张，直接导致消化液分泌减少，更不想吃饭。

坚持科学喂养，宝宝健康有保障

如果长期在吃饭的同时积累大量的负面情绪，宝宝的大脑会将两者相关联，即"吃饭＝不高兴"，吃饭变成难受、让人害怕的事，宝宝当然就不爱吃饭了。相反，如果宝宝在吃饭时总是心情愉快，美味的食物、与家人的快乐互动都会令他感到愉悦，大脑也会形成"吃饭＝很开心"的条件反射，这样宝宝就不会排斥吃饭。

四、不强迫喂食，让宝宝体会饥饿感

肚子饿时就会想吃饭，这是所有人与生俱来的本能。当宝宝在健康状态下不想吃饭，那就是不够饿，要舍得让他体会饥饿感。你可以在他吃了几口就不好好吃的时候，心平气和地把碗收走，不要担心他这顿没吃饱。这顿没吃饱，下顿自然就吃得多了。"若要小儿安，三分饥和寒。"现代人的养育问题是喂食太多，经常让宝宝积食。当他别过脸拒绝的时候就应当停止喂饭，让他适当体会饥饿感，更有利于身心健康。

五、尽早训练宝宝自主吃饭

相比被动地由大人喂食，自己吃更能增加进食乐趣，养成自主吃饭的好习惯，也能让宝宝体会与食物"打交道"的乐趣，有助于他形成不偏食、不挑食的健康饮食习惯。

六、把吃的主动权交给宝宝

把吃什么、什么时候吃的主动权交给宝宝。可以让他来帮助准备食材，带他一起去买菜，让他挑选喜欢吃的食物。大一点的孩子可以帮忙摘菜、剥豆，让他对吃饭更有兴趣和参与感。同时，尊重宝宝的喜好，如果他真的很不喜欢某种食物，千万不要采取恐吓或哄骗的方式逼他吃。

七、多些户外运动

多带宝宝进行户外活动，活动量增加了，饥饿感自然就出来了。等到真的饿了，自然吃什么都香。

八、饮食多样化

在考虑营养均衡和健康的同时，再多花点心思在食物的花样上，种类也可以再丰富一些，这样即便清淡的食物也能变得很好吃。孩子不喜欢吃蔬菜时，建议多做一些把菜、肉放在一起的食物，如饺子、蔬菜肉末粥等。

九、专心吃饭，食而知味

有的父母喜欢边看电视边吃饭，让宝宝边玩边吃，甚至是追着喂饭，能多塞一口是一口，一顿饭吃很久。久而久之，就容易造成宝宝积食、肥胖、不愿意自己吃饭等问题。

第 2 章

生长发育别着急
相关知识要学习

新生儿条件反射

新生儿条件反射通常指人类婴儿固有的原始反射。这些是人类先天自带的反射，不受意识的控制，比如吸吮反射、觅食反射、抓握反射、惊跳反射等。这些反射大部分在宝宝出生后 4 ～ 6 个月内消失。

吸吮反射

我们用手指或者乳头轻轻碰触宝宝嘴唇，宝宝会做出吸吮动作。

这个反射的正常持续时间从出生到 4 月龄。

觅食反射

用手指轻轻碰触宝宝的面颊，他会张开嘴巴准备吸吮。这个反射动作可以帮宝宝准确找到乳头吃奶。但如果妈妈看到宝宝在刺激下有寻找乳头的动作就马上喂奶，这样很容易造成过度喂养。

这个反射的正常持续时间从出生到 4 月龄。

惊跳反射

宝宝听到比较大的声音时，会突然伸展手指，背部弯曲，头往后仰，或紧握住拳头，把双臂环抱在胸前，好像非常紧张，受到惊吓一样。这与宝宝神经发育未完善有关，没有任何不良影响。

这个反射的正常持续时间从出生到3月龄。

抓握反射

用一根手指轻触宝宝的小手，他会紧紧地握住伸来的手指，这属于宝宝的无意识行为。

这个反射的正常持续时间从出生到6月龄。

雨滴有话说

除了上述几种反射，新生儿条件反射的类型还有很多。

作为父母，需要按时带宝宝体检，以便及早地发现问题。具体检查内容，请大家以自己当地的医疗机构检查项目为准。

Section 02 新生儿生理性体重下降

生下一个白白胖胖的宝宝，想必全家人都很开心。但大多数新手父母是第一次"上岗"，悉心照顾却没想到宝宝变得越来越瘦，甚至隔几天再见反而觉得宝宝没刚出生时胖了，自责没照顾好宝宝。有些妈妈怕宝宝饿瘦了，盲目地添加过多配方奶粉，导致错过了刺激自身乳汁分泌的最佳时机。

新生儿出生后数日内会因水分丢失及胎粪排出等出现体重下降，这是一种正常的现象，叫新生儿生理性体重下降。主要有以下 3 个原因。

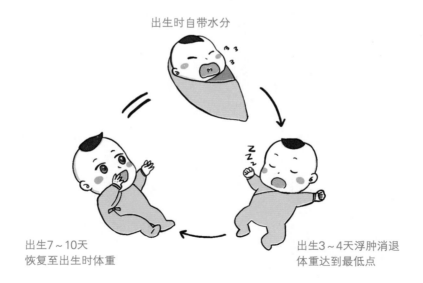

出生时自带水分

出生7~10天
恢复至出生时体重

出生3~4天浮肿消退
体重达到最低点

47

◆ 宝宝出生前在体内储备了一定量的水分，但是出生之后会以尿液等形式排出。还有的宝宝出生时被产道挤压了头、面部，会有些浮肿，在 3 ～ 4 天消肿以后就会看起来比刚出生的时候瘦小。

◆ 出生 4 天之内，会排出比较多的胎粪。

◆ 刚开始几天吃的奶量比较少。

大多数情况下，宝宝从第 5 天开始体重就不会再下降了。到第 10 天以后，体重基本上等于或者超出出生时的体重。

> **提示**
>
> 如果宝宝体重下降超过 7%，就要考虑喂养不足或者有其他原因，建议立即就诊。

视力发育

　　现在近视的孩子越来越多，且患近视的人群越来越低龄化，这让很多父母感到苦恼。视力改变严重，还会影响宝宝智力、运动等方面的生长发育。这一节，我们先来了解宝宝视力发育的过程。

宝宝的视力发育过程

　　随着我国近视人数的逐渐增加，近视发生的年龄越来越小，父母对宝宝的视力也越来越重视。带宝宝来做保健检查的父母都会问一些问题，如宝宝的视力是不是和成年人的一样、宝宝之前检查出远视要不要紧、宝宝是不是有先天性近视等。

　　其实，宝宝的视力并不是一出生就能够达到我们通常所理解的"视力正常"的标准。

　　正常情况下，1月龄内的宝宝只能看见20cm以内的物体，近似色盲，仅能区分黑、白和红3种颜色。到了6～8月龄，视力可提高到0.1左右。1岁时视力达到0.2左右；2岁时视力达到0.3～0.4；3岁时视力提高至0.5左右；5～6岁时视力或达到1.0以上，视力发育趋向完善。

　　宝宝的眼睛需要通过学习才能看清东西，是一个循序渐进的过程。

如何发现视力异常

出生后第一年是宝宝视力发育的关键时期，越早发现视力异常，越早纠正越好。父母在平时和宝宝的相处过程中要多注意其视力方面的表现，以便及时发现异常，及早就医进行纠正。

➡️ 能不能注视

对于 1 月龄内的宝宝，可以拿 1 个红色的毛线球，在距离宝宝面部 20cm 处左右移动，正常情况下能引起宝宝的注视。

➡️ 会不会眨眼或者追光

对于 2 月龄的宝宝，可以拿东西或者把手掌突然移动到宝宝的眼前，正常情况下，宝宝会眨眼。

➡️ 能不能追踪运动物体

2 月龄的宝宝，能在小范围内跟着移动的物体转动眼球。

3 月龄的宝宝，头颈部有力量时还会偏头追踪移动的物体。

5 月龄的宝宝，稍微能看清移动的物体，而且会对颜色有偏好，拿他喜欢颜色的物体更能吸引其注意。如果宝宝不能稳定地注视目标，就会表现出无目的地寻找。

➡️ 两只眼睛单独看物体时的反应是否一样

父母可以拿着宝宝感兴趣的玩具在其眼前晃动，注意观察宝宝两只眼睛在看玩具时的反应是否一样。

雨滴医生育儿百科

➡ 走路是否容易摔倒、磕碰

父母在宝宝走路时可以注意观察其是否经常容易摔倒或磕碰。但刚学步的宝宝经常摔倒和磕碰是很正常的情况，需要注意区分。

➡ 眼睛是否容易疲劳、难受

孩子总是喜欢揉搓眼睛，会说话的孩子会说"眼睛难受"。

➡ 看书本或电视时是否眯眼、歪头、皱眉或喜欢往电视机前凑

孩子在看电视或者看书时喜欢眯着眼睛、歪头、皱眉，似乎看不清楚的样子，甚至要凑到电视机或者书本面前看。

➡ 观察眼睛形态

◆ 黑眼珠是否浑浊发灰，且比正常孩子的黑眼珠大得多。

◆ 瞳孔内是否有白点或发白。

◆ 眼睑睁不大。

◆ 双眼是否同时注视一个目标，还是一只眼睛看目标而另一只眼睛偏离目标，向内或向外的方向偏斜，也就是俗称的"斗鸡眼"或者"对眼"。

如果出现上述情况，建议及时就医。

雨滴有话说

父母要密切留意宝宝的视力发育特征，确保视力正常发育。胎龄越小的早产儿越有可能患上视网膜病变，患儿眼睛外观和健康者没有差别，导致部分父母未能引起足够重视。此病得不到及时治疗，可能导致失明，但如果早期及时治疗，绝大多数患儿预后良好。

强烈建议父母尽早带早产儿或者出生体重低于 2500g 等高危儿咨询眼科医生，及时做眼底筛查。一般首次眼底筛查在出生 4 周，或者矫正胎龄 32 周开始。

生长发育别着急，相关知识要学习

近视的原因

　　2019 年 4 月，国家卫生健康委员会公布了最新的青少年儿童近视调查结果，显示 2018 年我国青少年儿童总体近视率为 53.6%，同比呈整体上升趋势。说明我国近一半的青少年儿童患有近视，小小年纪就得戴上眼镜。另外，国家卫生健康委员会公布的调查结果显示，初中生近视率高达 71.6%，高中生近视率高达 81%。可见，我国已成为"近视大国"。

　　近视眼的病因尚未完全明确。目前比较肯定的是，近视眼是遗传因素和环境因素综合作用的结果。

➡ 遗传因素

　　相关研究表明，父母均为近视时，孩子患近视的概率约为 60%；父母有一方近视，孩子近视概率约为 40%；父母均无近视，孩子近视概率为 30% 左右。另外，高度近视患者的遗传倾向更明显。

➡ 环境因素

　　◆ 户外活动时间不够：照射阳光不足也是导致近视的主要原因之一，建议 2 岁以上孩子每天保持 2 个小时的户外活动，以保护视力。

　　◆ 长时间使用手机等电子产品：美国儿科协会建议，2 岁以下的孩子不要看电视，2 岁以上每天看电视的时间应控制在 1 ～ 2 个小时。另外，哈佛大学一项研究表明，电子屏幕的蓝光会影响人体褪黑素的生成，持续使用 2 个小时，会导致褪黑素水平显著下降，可能影响睡眠。建议在入睡前 1 个小时，不要使用电子设备。

◆ 阅读环境差：阅读光线太暗或太亮都不行，在保证电子屏幕或出版物的字体清晰的情况下，尽量选择更大的字号。

◆ 营养失衡：挑食、偏食导致营养不良或过多吃甜食等，导致营养失衡，也会影响视力发育。

如何预防近视

遗传因素是导致孩子近视的重要原因之一，但我国大多数孩子近视的成因主要与环境因素有关。沉重的课业负担、过度使用电子产品、户外活动时间少才是导致孩子近视的主要原因。

作为父母，在关注孩子学习成绩的同时也要注意培养其良好的学习习惯。平时可以通过以下几种方式来帮助孩子预防近视的发生。

➡ 养成良好的用眼习惯

眼与读物距离保持 25 ～ 30cm，握笔不要太低，座椅高度适合，保持胸离桌沿一拳距离，使用标准的铅笔书写；不要在乘车、走路、卧床时，以及在太阳光直射下或暗光下阅读或写字。

➡ 改善视觉环境

保持阅读环境中适宜的光照度和对比度，合理照明，台灯放在写字台的左上方；阅读物字体印刷清晰，课本及作业本的纸张不能太白和反光太强烈；看电视时的距离应为显示屏对角线长度的 7 ～ 9 倍。

➡ 减少用眼时间

年龄越小，接触屏幕带来的伤害越大，最好每次接触屏幕的时间不超过20分钟，每天总的接触时间不应超过2个小时。孩子可以分时间段看电视，一次看一集。即使要学习，用眼45分钟休息10分钟，是很有必要的。

不要把看手机、电视当成奖惩工具，这样反而会助长孩子的兴趣。不要把电子设备当作"保姆工具"，尽量给孩子多安排一些阅读、运动、其他户外活动或与他人交流的活动。兵乓球、羽毛球这两种运动对保持视力的效果非常好。

➡ 定期检查并建档

对于在遗传、视觉环境和用眼习惯上有高危因素的孩子，父母应每年至少2次，带孩子做全面的眼部检查，并保留好记录。

如何治疗近视

孩子患上近视，父母无需过多地指责，及早带他去正规的眼科医院及机构进行视力检查和视力矫正即可。治疗近视的主要方法有以下3种。

➡ 框架镜

框架镜屈光矫正是治疗儿童及青少年近视的常用手段。不建议父母随意带孩子到普通配镜门店检查视力和配镜。16岁以下的孩子需要散瞳后验光，不是单纯通过视力表检查就能判断近视，建议带孩子到正规的眼科中心诊疗和配镜。这种治疗方式比较经济，但是戴框架眼镜会给生活、工作、学习带来诸多不便。

➡ 角膜塑形镜（OK镜）

这种治疗镜与软性隐形眼镜一样，只不过比软性隐形眼镜要硬。夜间佩戴，白天取下，运动不受影响，也不需要佩戴框架眼镜；还能有效地矫正近视并控制其快速发展。7 岁以上的孩子可以佩戴，年龄限制较少，是目前控制近视的主要方法之一。唯一的缺点是价格过高，2 年左右就要更换 1 副 OK 镜。如果清洗不干净，容易引发感染。

Part

1
2
3
4
5
6
7

雨滴有话说

12 岁以下的孩子眼部发育尚未成熟，当孩子感觉看不清东西时，也很有可能是假性近视。所以，对于 12 岁以下孩子，近视矫正的方式一定要慎重。如果怀疑孩子近视，要带他到正规医院检查。一旦确诊为真性近视，则需要及时进行配镜治疗。

➡ 屈光手术

通过激光手术进行矫正，是治疗近视的有效手段之一，但 18 岁以下的儿童和青少年不建议采取手术治疗。

如何应对散光

几乎所有人都有一点散光，完全没有散光的人不到 10%。

孩子散光大多数属于先天遗传。当然，后天不良的用眼习惯、眼疾、眼睛手术都可能导致散光。

75° 以下的散光者，可以通过眯眼代偿，一般不会明显影响视力。

75°～ 175° 的散光者，看到的东西是模糊的，但是 4～6 岁的孩子一般都有生理性远视，可代偿一部分的近视、散光。另外，175° 以下的散光者，看近处时视网膜能够得到足够的刺激，可以暂时定期观察。

有 200° 以上的散光时，孩子无论看远看近，视网膜都无法得到充分的刺激，久而久之就会形成弱视，需要佩戴眼镜矫正。

佩戴眼镜是为了治疗弱视，不像近视一样，仅仅为了看清楚。4～6 岁是治疗弱视的最佳阶段，过了这个阶段，眼球发育逐步定型，即使配镜治疗也效果不佳。

听力发育

中华耳鼻咽喉头颈外科杂志发表的《新生儿及婴幼儿早期听力检测及干预指南》中指出：新生儿永久性听力损失的发病率为1%～3%，我国每年出生1000多万名新生儿，每年至少会新增2万名以上听力损失的新生儿。假如听力损失不能被及时发现，就会影响孩子的认知发育、运动等能力，造成终生影响，也会带来家庭和社会的负担。

听力筛查通过是不是代表听力正常

一般宝宝出生后就要在医院接受听力筛查。目前听力筛查有耳声发射（OAE）和自动脑干听性反应测试（AABR）两种方法。两种工具的敏感度及特异性均达到95％以上。

用这些工具测试完，显示通过就代表宝宝有正常听力。但有些听力损失是迟发性的，即便是通过了听力筛查，也可能会慢慢出现症状。

美国听力学会制定的《儿童听力筛查指南》中分析表明，婴儿期的永久性听力损失发病率为3‰，学龄期则增长到9‰～10‰，单耳和双耳的暂时性与永久性听力损失可达14‰以上，年龄在6～19岁之间的患病总数超过700万人[1]。

这也提醒我们，由于疾病或者其他原因，儿童期听力损失的发病人数随着年龄的增长而逐渐增加。父母在宝宝的成长过程中，需要密切关注宝宝的语言发育情况。

父母如何早期发现宝宝的听力损失

了解宝宝的听力、语言等发育轨迹，对于早期发现其听力损失至关重要。如果发现宝宝没有出现其年龄段应有的行为，请及时带他就医。

◆ 1 月龄：听到声音会眨眼或停止动作，听到大的声响会惊醒。

◆ 2 月龄：睡觉时听到大声会惊醒；对突如其来的声音能有所表现，比如安静下来等。

◆ 3 ～ 4 月龄：头能开始转向声源方向，两眼能转到同一方向。

◆ 4 ～ 6 月龄：能够辨别出妈妈的声音，对叫他的名字有所反应。

◆ 6 ～ 8 月龄：对电视机转换节目、动物等外界声音开始有反应；能听懂一些指令，如说"再见"时他会招手等。

◆ 9 ～ 12 月龄：会叫"妈妈""爸爸"，对他唱歌会手舞足蹈。

◆ 1 ～ 2 岁：能按成人简单的指示沟通和行动；当父母说宝宝身上某些部位的名称时，他会指点出来。

◆ 2 岁以上：能听懂许多指令，并作出反应，语言能力发展较快。

如何保护宝宝的听力

➡ 出生前

有研究表明，孕 24 周左右的胎儿就能够对外界的声音有所反应，对低频声音尤其敏感。孕妈妈在怀孕期间需要安全用药，尽量避免服用对胎儿听力有影响的药物，比如抗肿瘤药物、安眠药、抗结核药物、某些抗生素等。

家族中有先天性耳聋患者的孕妈妈，则需要密切监测胎儿的发育情况，有条件者可进行胎儿耳聋基因检测。

➡️ 出生后

◆ 预防中耳炎：宝宝的咽鼓管较成人短、宽、直、平，鼻咽部分泌物及细菌等微生物易经此侵入中耳，因此几乎每个宝宝在某一阶段都有分泌性中耳炎。平时要避免平躺着喂奶，宝宝感冒时避免用力帮他擤鼻涕，洗头、洗澡时防止污水流入宝宝耳内，同时不要给宝宝掏耳朵。

◆ 关注影响听力的疾病：麻疹、腮腺炎等病毒感染常并发感音神经性听力障碍，须及时就医，平时应加以关注。

◆ 避免强噪声：长时间暴露于强噪声环境下，容易导致内耳感受器官发生器质性病变。为了保护听力，应避免宝宝接触过多或过强的噪声，如长时间戴耳机听音乐、在 KTV 等噪音环境中停留过久等。

◆ 避免使用耳毒性药物：避免使用如链霉素、庆大霉素等容易影响听力的药物。若为病情需要，能口服就应避免使用针剂，用药后应持续监测听力情况。

听力筛查没通过，怎么办

宝宝听力筛查没有通过，表示可能存在听力问题，但并不代表听力一定有问题。比如下列几个因素也可能会造成听力筛查不通过。

◆ 外耳道有堵塞物，如胎脂、羊水等。

◆ 检查时宝宝烦躁、哭闹，环境噪声大等都会造成干扰。

◆ 一部分新生儿存在中耳积液，但都会慢慢吸收。大部分有中耳积液的新生儿在出生 3 个月后进行复查时，听力会恢复正常。

雨滴有话说

宝宝出生 48 个小时之内听力初筛没通过，应在出生后 42 天内进行复筛。所有复筛未通过或有可疑听力损失者，均应在 3 月龄内转诊至省级卫生行政部门指定的听力障碍诊治中心进行诊断。确诊有听力障碍者，均应在 6 月龄内接受干预治疗（包括语声放大或助听器选配），并接受专业人员的指导和康复训练。做到早发现、早诊断、早干预，才能达到最好的治疗效果。

参考文献

[1] 《新生儿及婴幼儿早期听力检测及干预指南》中华耳鼻喉头颈外科杂志·2009 年 11 月第 44 卷第 11 期第 883 页．

大运动发育

大部分父母带着宝宝来做儿童保健检查时总会问"我家宝宝身高达标吗""我家宝宝体重标准吗",可见他们对宝宝生长发育的标准十分重视。除了身高、体重、智力、语言等方面,运动发育也是反映宝宝生长发育情况的重要指标之一。

什么是运动发育

运动发育包括大运动和精细运动。

大运动就是指身体对于大幅度动作的控制能力,是神经系统对大肌肉群控制的活动,比如抬头、趴、坐、翻身、爬、站、走、跑、跳等基本运动。

精细运动就是指比较细小且需要灵活控制的运动,比如抓握、翻书、涂写、搭积木等动作。

大部分宝宝都是按照既定的规律来发展的,但总有些宝宝存在个体差异,有几个动作做不到位,父母可以耐心观察、等待。如果很多动作都没做到位,应及时求助专业的儿科医生。

1月龄	2月龄	3月龄
4月龄	5月龄	6月龄
7月龄	8月龄	9月龄
10月龄	11月龄	12月龄

雨滴医生育儿百科

大运动有哪些内容

→ 抬头

新生儿俯卧位时能抬头 1～2 秒，3 月龄宝宝可较稳定地抬头 45°，到了 5～6 月龄可以自如俯卧抬头。

◆ 练习方法：满月后可将宝宝放在偏硬的垫子或床上，让其两手相对或上下叠放在胸前；父母可将带声响的玩具置于他的头顶上方，用声音吸引他抬高头去看，从而达到训练抬头的目的。每天可做 3～5 次练习，每次 1～2 分钟即可。

→ 翻身

4～5 月龄宝宝会开始有意识地从侧卧位翻到仰卧位，但无身体的转动。

5～6 月龄宝宝能从仰卧位翻至侧卧位，或从侧卧位翻至仰卧位。

6～8 月龄宝宝可有意伸展身体上下肢，连续从仰卧位翻身至俯卧位，再翻身至仰卧位。

◆ 练习方法：4 月龄后，当宝宝仰卧于床上时，父母可拿出玩具去吸引他伸手抓玩，他会随着玩具的左右移动而转动自己的身体。一般每天可做 3～5 次练习，每次 3～5 分钟即可。

◆ 注意训练时衣服穿得过多，会让宝宝的身体无法自如转动，从而影响到翻身练习。

→ 坐

4 月龄宝宝扶坐时可竖颈。

6 月龄宝宝靠双手支撑可稳坐片刻。

7 月龄宝宝坐稳时双手可玩玩具，但活动范围较大时身体会向侧面倾斜失衡。

8～9 月龄宝宝背部竖直，可坐稳，并左右转动。

生长发育别着急，相关知识要学习

◆ 练习方法：5月龄后，可让宝宝偶尔背靠沙发或靠小推车坐着。6月龄后，有意识地让宝宝边玩玩具，边练习独坐。练习次数和时间根据宝宝情况而定，建议短时间、多次练习，逐渐增加。

➡ 爬

7～10月龄宝宝学会爬行。有些父母觉得宝宝已经会扶站、扶走，就不需要学爬行了，其实这是非常不利于宝宝生长发育的，爬行比走更重要。在练习爬行的过程中，需要动用前庭和小脑的功能协调身体，以保持平衡，有助于视觉、听觉协调发展，使运动的各个方位和感觉得以统合；还能增强肌肉力量，促进骨骼、神经的发育发展。

◆ 练习方法：父母可以用毛巾将宝宝上半身抬起来，四肢着地，或者抓着宝宝小脚丫助力，帮助他们练习爬行的姿势。

◆ 注意每天提供宝宝各种爬的机会，例如用玩具吸引、多鼓励等形式，能够增加宝宝爬行的乐趣。

➡ 扶站、走

8～9月龄的宝宝可扶站片刻。

8月龄后，宝宝可偶尔用双手抓住栏杆，扶站于床栏或椅背。

10～12月龄的宝宝应能独立站片刻和扶走。

◆ 练习方法：在练习时注意保护好宝宝，比如爸爸可以在不触碰宝宝的前提下，将双手置于其身体左右两侧形成一个保护圈以防宝宝侧摔；妈妈在前

雨滴有话说

1. 运动的练习不是以月龄来进行的，而是以宝宝现阶段的运动能力为起点进行训练。

2. 对于运动能力落后较多的宝宝，不建议在家自己训练，而是应该到专业的医疗机构进行评估、训练、治疗。

3. 宝宝确实能够做到但做得并不是很好，父母也不用着急，不能因此就通过外力去强迫他进行发育训练。

方逗宝宝，转移其注意力。

　　关于站和走的具体年龄，差异比较大。早的宝宝可能 7～8 月龄就能自己扶站，10 月龄就能独自行走了，而有的宝宝到 1 岁还不会走路。这个时候，父母不要太着急，每个宝宝都有自己的发育特点和速度，当他们准备好了，自然很快就能学会，行走也是一样。

> **提示**
>
> 　　在学习走路的时候，不建议用学步带，也不要拽着宝宝的胳膊走，很容易引起脱臼。为了避免磕碰，桌角上建议安装防护条。所有有危险的东西一定要收纳到高处，比如开水瓶、药箱等。

生长发育别着急，相关知识要学习

牙齿发育

"为什么别人家的宝宝5个月就长牙了，我家宝宝还没一点动静？""为什么我家宝宝长牙时口水直流，别人家的宝宝就不会？"每个父母都想要宝宝拥有一口漂亮、洁白、整齐的牙齿，现在就来聊一聊宝宝牙齿的那些事吧。

牙齿萌出的顺序

宝宝牙齿萌出时间存在很大的差异，有的牙齿萌出早，有的则偏晚，只要在个体差异范围内都是正常的。一般来说，牙齿萌出顺序都会遵循一定规律——左右牙齿对称发育。

通常宝宝小乳牙在6～7个月开始萌出。可有的宝宝会在出生后4个月就长出小乳牙，有的则晚到出生后10个月，甚至1岁才萌芽。每个宝宝的身体发育情况不一样，超过1岁还没萌出就是乳牙迟萌。导致乳牙迟萌的原因很多，可能是某些疾病在口腔中的表现，也可能是遗传因素等，建议父母到儿科或口腔科进行咨询。

换牙的顺序

到了开始换牙的年龄，父母需密切留意宝宝的换牙情况，定期带宝宝看牙医，确保其长出整齐、健康的牙齿。

一般情况下，换牙的顺序按照牙齿"上下排左右对称，先下后上"的原则。

口腔清洁的3个阶段

➡ 出生后到出牙前

即便宝宝牙齿还没有萌出，也要特别注意其口腔卫生，保持良好的卫生习惯。对大于5月龄的宝宝，可以在每次喂奶后用白开水给他漱口，防止奶和食物残渣残留在口腔中滋生细菌。同时，切记不要让宝宝养成含着妈妈乳头睡或含着奶瓶睡的习惯，以免日后出现龋齿。

宝宝的乳牙还未萌出时，父母可以用纱布裹住食指，沾点温水，轻轻帮他擦拭牙齿、牙龈，早晚各1次。

宝宝出牙前如何清洁口腔

1. 父母套上纱布指套式牙刷。　　2. 沾点温白开水。　　3. 为宝宝擦拭牙齿、牙龈。

➡ 第一颗牙齿萌出后

宝宝长出第一颗牙齿后，父母就可以用指套式牙刷，以轻柔的动作来回为宝宝清洁牙齿，早晚各1次。

➡ 全口乳牙长齐后

宝宝在2岁左右，乳牙基本长齐，这时父母就可以教他刷牙了，早晚各1次。

对于 7 岁前的宝宝，建议等他刷完牙，父母再帮他检查一遍，尽量帮他再刷一遍，保证清洁到位。

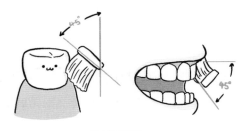

巴氏刷牙法

刷牙时间宜控制在 3 分钟左右，使用巴氏刷牙法。需要注意的是，在刷牙时，牙刷应与牙齿呈 45°，这样能有效避免牙刷损伤牙齿表面，也能避免伤及牙龈，同时能有效地将牙缝中的食物残渣刷出来。

关于牙齿发育的误区

牙齿作为人类重要的"工具"和"门面担当"，在发育过程中有太多细节和关注点需要父母注意。

➡ 误区一：长牙了就要多补钙

其实，牙齿长得快慢、好坏与否都与摄入的钙量无关。宝宝出生后身体发育情况一切正常，而且没有足够的现象表明缺钙时，平日只要做到膳食均衡，保证足够的奶量摄入，及时补充维生素 D，就不需要在其出牙期额外补钙。

➡ 误区二：让孩子"奶睡"

很多父母为了省事，让孩子在睡前用奶瓶喝奶，这时不需要父母费力哄，孩子就能睡着，正是一举两得。殊不知当孩子自行"奶睡"时，睡着前的那一口奶并没有及时地吞咽下去，而是残留在口腔中，于是牙齿就一整晚被"浸泡"在奶水中，容易滋生细菌。

通常配方奶粉中含糖量较高，牙齿长期"浸泡"在奶水中，口腔内的细菌很快就会将牙齿腐蚀，引起龋齿。

另外，长期躺着用奶嘴喝奶还容易造成口腔咬合面异常，将来会影响宝宝的面部咬合功能，甚至可能造成面部骨骼畸形的情况。

➡ 误区三：宝宝刷牙不用牙膏

宝宝刷牙到底需不需要用牙膏，这是大部分父母感到疑惑的问题之一，一是担心孩子不会吐出牙膏沫；二是担心他把牙膏吃进肚子里对身体有影响。

世界卫生组织推荐，儿童刷牙也应该使用含氟牙膏，能有效预防龋齿。父母在给孩子选购牙膏时应首选可食用的儿童牙膏，通常这类牙膏含氟量特别低。父母可以根据孩子的不同年龄阶段选择不同含氟剂量的牙膏。

小于 3 岁的宝宝，每次使用含氟牙膏应不超过 1 粒大米的大小。

3 ～ 6 岁的儿童，每次使用含氟牙膏的量应不超过 1 粒豌豆的大小。

> **提示**
>
> 需要注意的是，如果孩子已经有龋齿的迹象或者已经发生龋齿，就必须要使用含氟牙膏，并及时带孩子去正规牙科医院或机构进行龋齿治疗。

含氟漱口水能帮助牙齿抵抗腐蚀，预防蛀牙，但不建议 6 岁以下的孩子使用含氟漱口水，这个年龄段的孩子吞咽控制功能尚未发育完全，容易吞咽下漱口水。

➡ 误区四：乳牙不需要刷

在诊室里经常听到很多父母提出这样的疑问，如"宝宝的乳牙也需要刷吗""乳牙长不好，是不是没关系？反正还要换牙的"。

这些疑问看似有道理，观点却是错误的。

乳牙是用于咀嚼食物的重要器官，对宝宝的生长发育起着非常重要的作用。乳牙萌出时期也是宝宝学习发音和语言的重要时期，正常的乳牙排列有助于宝宝学习正确发音。如果乳牙发展成龋齿的年龄过早，尤其是上颌门牙大面积损坏或消失，对孩子之后学习正确发音都会造成影响。

另外，乳牙排列的好坏直接决定恒牙排列的好坏。乳牙发育不好，会造成孩子上颌骨发育不全或下颌骨发育不对称等问题。满口龋齿，不仅会影响颜面部美观，还会使牙齿的咬合及咀嚼能力受到影响。

为了预防龋齿，要严格地控制孩子食用含糖食品和含糖饮料，帮助孩子在睡前、饭后用儿童牙线清除牙齿上的食物残渣，叮嘱他认真刷牙。

预防龋齿，这些要做到位

➡ 从萌出第一颗牙开始定期找牙医检查

很多父母认为孩子长牙是顺其自然的事情，等到有蛀牙、牙周病时才会带孩子找牙医处理。实际上，从孩子萌出第一颗牙齿开始，就需要定期带其到牙科检查。建议每半年例行检查1次，可以及早发现问题。

➡ 从萌出第一颗牙开始坚持刷牙

有些父母错误地认为孩子的牙齿没长全以前刷牙都是没有意义的，只需要睡前、饭后漱口即可。但实际上，从孩子第一颗牙齿萌出开始就需要认真地给他刷牙，一是预防龋齿的产生，二是为了让孩子养成认真刷牙的好习惯。

➡ 定期接受局部涂氟治疗

定期到牙科将氟化物涂于牙齿表面，可以有效预防龋齿。涂氟治疗有时间短、操作简便、无痛等优点，也容易被孩子接受。

美国牙医协会（ADA）建议，儿童每6个月至少涂氟1次，可帮助牙齿穿上"防护衣"，抵御食物残渣在牙面上形成的局部酸蚀环境，防止牙齿龋坏并扭转早期龋坏。建议 3 ～ 6 个月带宝宝涂氟 1 次，具体涂多少，可以听从牙科医生的意见，根据个体情况来定。

➡ 3 岁后做窝沟封闭

窝沟封闭是指用牙科材料（封闭剂）将牙齿上的深沟填平，让牙齿变得更容易清洁，达到预防儿童和青少年乳（恒）磨牙咬合面窝沟龋病变的目的。

目前已经有大量研究证明，窝沟封闭能有效预防窝沟龋的发生。对于已经有点龋损，还没有形成龋洞的咬合面龋坏，封闭剂可最大程度上延缓其发展。

建议在宝宝 3 ～ 4 岁乳磨牙萌出时，带他到牙科做窝沟封闭。窝沟封闭治疗的 3 个最佳时间是 3 ～ 4 岁乳磨牙萌出时、6 ～ 7 岁第一恒磨牙萌出时、10 ～ 12 岁第二恒磨牙萌出时。希望大家不要错过最佳治疗时机 [2]。

📖 参考文献

[2] Drug and Therapeutics Bulletin:Management of infantile colic.BMJ 2013,347:f4102.

Q: 宝宝4个月就开始长牙，半年时间长了6颗牙，可是过去了3个多月，没有长成新牙，有问题吗 ？

A: 宝宝牙齿萌出的时间间隔有长有短，只要萌出时间在正常范围内就无需过度担心，耐心等待就好了。

宝宝长牙时，父母可以让他多咬一些如磨牙棒、橡胶棒等有助于长牙的东西。另外，不要刻意将食物制作得过于软烂，缺乏咬合及咀嚼锻炼，不利于宝宝牙齿萌出。

Q: 宝宝现在2岁了，有"地包天"，何时可以矫正？

A: "地包天"，即医学上常称的反颌。早期矫正需要宝宝配合取模型，太小的宝宝很难配合，一般3岁后就可以做矫正治疗。

Q: 孩子多大可以独立刷牙？

A: Rugg-Gunn AJ、Macgregor ID 这两位研究人员研究发现，5岁孩子刷牙后只能有效清洁牙齿表面25％的牙菌斑，而到了11岁只能有效清洁牙齿表面50％的牙菌斑。年龄越大，刷牙的效果越好，因为随着孩子年龄增长，其手部精细动作会更灵活、协调。

我们建议到孩子2岁就开始教他刷牙，并养成良好的习惯。等孩子7岁左右，能自己用笔写名字或者绑鞋带时，才考虑让他独立刷牙。

Q : 孩子晚上总磨牙，"嘎嘣嘎嘣"，听着很烦人，有什么办法解决？

A : 孩子磨牙的原因比较多，通常是精神紧张或者不良的睡眠习惯造成的，久之会导致牙齿磨损。建议带孩子到儿科或口腔科诊治。如果孩子醒来感觉面部酸痛，建议在夜间给其佩戴合牙垫，防止对牙齿造成损害。

Q : 门牙牙缝大，正常吗？

A : 乳牙牙缝大是正常现象，这样可以为恒牙萌出准备位置。但到了换牙期，父母要注意孩子是不是有"多生牙"，也就是多了长在门牙之间的牙齿，导致门牙牙缝大，要多加留意。

Q : 哺乳期牙痛，到牙科诊治会影响胎宝宝吗？

A : 哺乳期妈妈看牙、洗牙、补牙、治牙都没有严格限制，只要在医生的指导下选择合适的局部麻醉药和消炎药就可以。

Q : 刚出生几周的宝宝牙龈上有黄白色小点，擦不掉，是长牙了吗？

A : 这是孕期中胎宝宝形成牙齿和唾液腺的上皮细胞，在乳牙形成时没有被吸收，出生后长成黄白色的牙龈囊肿，即上皮珠，俗称"马牙"。一般2个月左右会自行消失，没有危害。父母不要用针去挑，很容易引起感染。

Q: 做牙齿 X 线摄片检查，有辐射吗？

A: 做 X 线摄片检查是有辐射的，但影响不大。能对致癌率产生影响的 X 线最低剂量为 10 万 uSv（微西弗），而 10 万 uSv 需要持续、长期拍摄 2 万次小牙片（根尖片）才能达到。不管是哪种类型的 X 线摄片，只要不过度使用，对人体都是安全的。

Q: 宝宝长牙时会不舒服吗？会发热吗？

A: 有的宝宝牙齿萌出时会有不适感，比如喜欢啃咬东西、唾液分泌增多、没有食欲、比较容易哭闹，甚至有的会发热（通常体温不超过 38℃）。但是长牙伴有的发热并不是乳牙萌出造成的。长牙期的宝宝牙龈痒，喜欢啃咬东西、磨咬牙龈，造成牙龈红肿、破损，增加了口腔黏膜感染、发炎的概率，从而导致发热。这种情况通常不严重，可以自行缓解。

Q: 宝宝口腔两侧黏膜有白白的东西，擦不掉，怎么办？

A: 这是婴儿常见的口腔疾病——鹅口疮，又叫雪口病、白念菌病，由真菌中的白色念珠菌感染引起。一般来说，宝宝不痛不痒，但严重时会烦躁、哭闹、拒绝进食，有时还会发热。主要与抵抗力下降；奶瓶、奶嘴消毒不彻底；母乳喂养时，妈妈的乳头不洁净有关。

建议在医生指导下，每天用制霉菌素片研末，涂抹在宝宝创面上，每天涂三四次。此病易复发，须等口腔白膜消失后持续用药 5 天左右，方可停药。为了预防此病，宝宝餐具每次用完要清洗干净再消毒 15 分钟。妈妈在喂奶前应用温水清洗乳晕和乳头，保持干燥。另外，玩具要定期消毒。

Q： 宝宝牙齿变黑是怎么回事？

A： 牙齿变黑有以下两种可能。

一是龋齿伴色素沉着。牙齿出现龋坏后会使色素沉着，当父母用牙刷不能将宝宝牙齿上的小黑点刷掉，就提示宝宝可能有龋齿了，要尽快就医。二是单纯色素沉着。主要可能和宝宝本身体质相关，如唾液成分浓度高、唾液量小；吃完易引起色素沉着的食物后不及时刷牙、漱口等；牙齿表面本身粗糙、牙齿排列不齐，不容易清洁，使食物残渣附着在牙齿上导致色素沉着。这种并不是龋齿，不会影响换牙和恒牙萌出，主要影响乳牙外观。要想美观，只能通过洁牙处理，但通常选择先观察。建议每天用巴氏刷牙法认真刷牙 2 次，早晚各 1 次。

宝宝的睡眠规律

　　大家都知道，睡眠是人消除疲劳、恢复精力的重要方式。宝宝只有睡得好，心情愉悦，才能快点长高。可是很多妈妈都对宝宝的睡眠问题有很多疑问，如宝宝一天睡多久才够、为什么宝宝白天睡得好而到晚上就难入睡等。

　　如何解决这些问题，我们要先了解宝宝不同月龄/年龄的睡眠规律。

认识宝宝的睡眠规律

➡ 婴儿期 0 ～ 3 月龄

　　0 ～ 3 月龄的宝宝，入睡后一般遵循 REM 睡眠→浅睡→深睡的顺序。REM 睡眠，是全部睡眠阶段中最浅的。在这个阶段，大脑神经元的活动情况与清醒的时候相同，这时父母会发现处在这一睡眠阶段的宝宝好像进入了似睡非睡、似醒非醒的状态。当转入深度睡眠后，宝宝很快就能安静下来。

➡ 婴儿期 4 ～ 6 月龄

　　4 ～ 6 月龄的宝宝，一般睡着之后放下不易醒，需要抱睡的时间减少。小睡时间点逐渐稳定，作息逐渐规律，夜奶间隔逐渐固定化。

　　夜醒逐渐稳定在每晚 1 ～ 2 次。有较长连续睡眠的婴儿在 4 月龄左右，反而会出现小睡时间缩短、夜醒次数增多、不易安抚的情况，对抱睡和奶睡的依赖性增加，这一阶段被称为睡眠倒退。这主要由大脑发育、大运动发展等因素引起，但并非所有的宝宝都会经历睡眠倒退。如果你的宝宝正在经历睡眠倒退，请不要着急、不要懊恼。宝宝的成长需要一个过程，你需要做的是耐心地抚育，用心地喂养，静心地等待。

➡ 婴儿期 7 ～ 12 月龄

7 ～ 12 月龄的宝宝已经可以有连续 10 个小时左右的睡眠，并且不再需要夜奶了。小睡数量逐渐由每天 3 觉向 2 觉过渡，出现并觉的需求。到 9 月龄末，傍晚觉正式"退出历史舞台"，大部分宝宝白天只睡 2 觉。10 ～ 11 月龄宝宝的作息越来越简单了，一般是白天 2 觉。

这个阶段的宝宝容易出现早醒的现象，有时候醒太早会打乱一天的作息，也让父母无所适从。建议在宝宝醒后尝试再哄睡 1 次。

12 月龄宝宝的作息和 10 ～ 11 月龄的类似，通常有 82% 的宝宝每天会有 2 次小睡，17% 的宝宝只在下午睡 1 觉，一般无需喂夜奶了。

➡ 幼儿期 1 ～ 2 岁

幼儿期孩子睡眠时间由每天 14 ～ 15 个小时逐渐减少到每天 13 ～ 14 个小时。大部分孩子每天有 2 次小睡，但有一部分孩子不需要。

孩子在这个阶段基本完全脱离夜奶，但是在 17 月龄中旬，可能开始经历第 10 个大脑跳跃期，导致一些孩子还可能经历 1 岁半时的睡眠倒退期。

➡ 幼儿期 2 ～ 3 岁

大多数 2 ～ 3 岁的孩子可以在 19 ～ 21 点入睡，在早上 6 点半至 8 点醒来。90% 的孩子只在白天睡 1 觉，时间为 1 ～ 3 个小时。此时，父母要试着把孩子夜间睡觉时间和午睡时间合理地规律化，同时要保持这一规律。当然，规律不是绝对的，父母可根据孩子的情况随时调整。

生长发育别着急，相关知识要学习

2岁左右的孩子，只有5%还需要2次小睡，95%的孩子只需睡个午觉就行了。

91%的3岁孩子要睡午觉，但还有9%的孩子不需要午睡了。

雨滴医生育儿百科

月龄/年龄	推荐的睡眠量（小时）	可能合适的睡眠量（小时）	不推荐睡眠量（小时）
3月龄以内	14~17	11~13，18~19	低于11，高于19
4~11月龄	12~15	10~11，16~18	低于10，高于18
1~2岁	11~14	9~10，15~16	低于9，高于16
3~5岁	10~13	8~9，14	低于8，高于14
6~13岁	9~11	7~8，12	低于7，高于12
14~17岁	8~10	7，11	低于7，高于11
18~25岁	7~9	6，10~11	低于6，高于11
26~64岁	7~9	6，10	低于6，高于10
大于65岁	7~8	5~6.9	低于5，高于9

注：上表展示了一个人从婴儿期到老年期每天所需要的睡眠时长的平均值。

为什么会闹觉

大多数父母认为孩子闹觉就是使性子、闹脾气。正是这种误区，导致父母使用错误的哄睡方式，让宝宝越睡越差。

闹觉大多是疲劳过度所致。孩子的大脑发育不完全，无法进行自主安抚入睡，需要训练或加以引导才能够入睡。虽然孩子累到极点肯定会睡着，但并不是有计划地入睡；而且父母也不能让孩子每次都玩累了才睡，长期这样，只会养成不良的睡眠习惯。

美国马克·维斯布朗博士在《婴幼儿睡眠圣经》一书中提道："几乎所有的研究都表示，过于疲倦的儿童之所以表现得兴奋、易怒、急躁、难以入睡，是因为体内的化学物质在对抗疲劳。缺乏睡眠会导致中枢神经系统高度清醒，积累的疲倦会让孩子总处于兴奋状态，从而无法放松。"

孩子玩的时间长了，不一定就会累了想睡，缺觉时看起来可能精神更兴奋，所以有些父母才会说："你看宝宝眼睛睁得大大的，肯定是还不困。"这个时候，孩子因为过度疲劳而出现一种"不想睡"的兴奋假象。如果父母不及时哄睡，孩子只会更加难入睡。

那么如何培养孩子良好的睡眠习惯呢？

针对不同年龄的孩子，哄睡方法也不尽相同。总体来说，有一些方面是大致相同的，国家卫生和计划生育委员会于 2017 年 10 月 12 日在卫健委官网上发布的《0 岁～5 岁儿童睡眠卫生指南》中提到，从睡眠环境、睡床方式、规律作息、睡前活动、入睡方式及睡眠姿势几个方面指导父母对儿童进行睡眠引导。（扫描右下角二维码，添加好友后，可免费领取该睡眠指南电子版全文及各类睡眠问题解答汇总）

生长发育别着急，相关知识要学习

如何正确哄睡

➡ 第1步：观察宝宝，抓住睡眠信号

　　很多父母在哄睡时经常会犯一个错误，发现孩子尖叫、小手乱舞、瞪着眼睛，就认为他还很兴奋，不想睡觉。但其实这些很有可能是睡眠信号。除了上述现象，孩子出现情绪烦躁、打哈欠、揉眼睛、眼睛无神、啃咬手指等情况，都可能是孩子在告诉你他困了。

　　不管是孩子困过头或是孩子不困的时候去哄睡，都会出现难哄的情况。抓住孩子的睡眠信号再去哄睡，通常会事半功倍。随着孩子的年龄增长，睡眠信号会变得不那么明显。这个时候就需要结合孩子的清醒时长来判断是否需要哄睡。

➡ 第2步：睡前安抚，平静入睡

　　孩子睡前，父母和他一起做一些稳定且有序的事情来安抚他的情绪。比如白天可以轻轻地拉上窗帘，播放孩子喜欢的音乐，小声地和他说话。晚上可以按照洗澡、刷牙、讲故事、听音乐的流程做起。这些固定的事情被称为睡眠仪式。每次睡前做完这些事情，孩子就知道自己要睡觉了。

➡ 第3步：放床入睡，切记不要抱着入睡

　　很多新手父母在刚开始尝试哄睡时，采取了抱睡、奶睡等不当的方式。当孩

子困的时候就习惯父母抱睡和奶睡。当睡着后放床上，不仅容易醒，孩子醒来时或下次入睡时还是会希望以这种方式入睡。

而习惯了在床上入睡的孩子，即便是醒来，发现哄睡环境没变，也容易再次入睡。刚开始放床上哄睡时，孩子会出现一放下就翻身起来玩的情况，这个时候，父母应继续放平宝宝，进行哄睡即可。

让人苦恼的夜奶该怎么断

自从宝宝出生后，你有多久没有睡过一个整觉了？想必大多数妈妈都深有感触，看看镜子里偌大的黑眼圈和眼袋，就已经是最佳答案。其实到了宝宝 4 个月后就可以断夜奶。因为生长激素分泌最多是在晚上 22 点到次日凌晨 5 点，晚上睡整觉的宝宝进入深睡眠后可以分泌更多生长激素，有利于长高；而且妈妈也可以睡好觉，这是双赢的选择。

夜奶，顾名思义，就是晚上喝的奶。

➡ 断夜奶的方法

◆ 不要故意叫醒宝宝增加喂养次数

实际上，除了出生的头 2 个月，很多 3 月龄左右的宝宝都能够一口气睡 5 个小时以上。睡眠能促进脑部发育，小宝宝除了吃奶、排泄，剩下的时间就是睡觉。越小的宝宝，需要的睡眠时间越长。随着饮食、睡眠逐步形成规律，很多 3 月龄的宝宝夜间可以睡整觉。这时尽量不要打扰，如果饿了，他自然会醒来找奶吃。其间妈妈涨奶的话，可以用挤奶器收集母乳，待宝宝醒来再亲喂。

◆ 和妈妈分开睡

妈妈身上的奶香是宝宝爱吃夜奶的诱因之一，把这个因素"剔除"就是一个断夜奶的好方法。

断夜奶期间，最好由别的家庭成员来陪着宝宝睡觉，最好是爸爸。如果宝宝不习惯的话，妈妈可与宝宝同房不同床，并且在宝宝夜里醒来后，换由爸爸或者其他家庭成员进行安抚。

◆ 睡前要吃饱

和成人一样，宝宝如果睡前没吃饱，夜里肯定会起来找奶吃。那么就要注意在夜里入睡前给宝宝吃饱，避免奶睡。因为在奶睡的过程中，宝宝逐渐睡着，其实并没有吃进太多。没有吃饱，到肚子饿的时候，自然会醒来找吃的。如果宝宝的作息规律，可在宝宝最长睡眠时间入睡前增加 1 次母乳。混合喂养的宝宝可以在睡前增加 1 次配方奶粉，并且把喂奶的时间推迟到 22 点以后。

◆ 拉长喂奶的间隔时间

这是一个既考验体力，也考验耐力的方法。

这个方法的重中之重就是循序渐进、斗智斗勇。如果宝宝吃奶时间比较有规律，大概 3 个小时就要醒来吃 1 次的话，就可以把 3 个小时吃 1 次改为 3 个半小时吃 1 次。但是这个办法有点难推进，因为平时宝宝都是间隔 3 个小时就有奶吃，这会儿又要拖半个小时，宝宝能愿意吗？哭是肯定的，但坚持是必须的。刚开始的时候你会发现，这 30 分钟比 3 个小时还难熬。这个时候就需要爸爸或其他家庭成员的帮忙，通过其他人或者其他安抚方式帮助宝宝度过这难熬的 30 分钟。之后，慢慢地将 30 分钟的间隔拉长至 40 分钟、50 分钟，甚至 1 个小时、2 个小时……坚持一段时间，夜奶就能成功戒除了。

◆ 减少喂奶的时长和量

这一点和上面的方法有些类似，比较适合奶睡且夜奶时间不规律的宝宝。如果是母乳喂养，每次宝宝夜醒的吃奶时间是 20 分钟，那么可以等他吃到 10 分钟就把奶头／奶嘴抽出来；如果宝宝哭就继续喂，等 5 分钟后再抽出来；依次循环，逐渐减少宝宝吃奶的时间。这个方法的重点就是逐渐减少宝宝吃奶的量。

如果是奶粉喂养的宝宝，比如以前夜奶吃 150ml，那么现在每顿夜奶减少 50ml。逐渐减少后，将配方奶粉换成少量的水（这条适用于 6 月龄以上的宝宝），以此来达到戒除夜奶的目的。

◆ 提升宝宝自主入睡能力，更换安抚方式

奶睡的宝宝比自主入睡的宝宝更容易夜醒，因为宝宝缺乏自主入睡的能力，而是靠着"奶"入睡的，所以当宝宝夜里醒来，没办法靠自己的能力再继续入睡时，就非得要吃奶才肯继续睡去。

这个时候，提升宝宝自主入睡的能力十分必要。抓准宝宝入睡的信号后，可以采用轻拍、白噪音、歌曲、安抚物等方式促进宝宝入睡，而不是依靠吸吮妈妈的"奶"来入睡。宝宝半夜醒来后同样使用上述方式进行安抚，如果宝宝抗拒新的安抚方式，可以采取稍微温和的方法。在宝宝吸吮入睡后，轻轻地将乳头拔出，不要让宝宝含着乳头入睡。如果拔出后宝宝哭闹，可继续让其吸吮，待入睡后再次拔出。如此反复，直到宝宝睡着。久而久之，宝宝就能够不依靠吸吮妈妈的乳头入睡了，夜奶也就戒除了。

雨滴有话说

多少妈妈因为孤立无援或为了省事、能多一点睡眠时间而迫不得已选择给宝宝喂夜奶。宝宝夜奶频繁，不仅其睡眠质量不好，也会累垮妈妈的身体。断夜奶，除了需要妈妈的坚持之外，家人的理解和支持也很重要。

LESSON
雨滴小课堂

Q: 宝宝困了自己就会睡，不需要哄吗？

A: 婴儿并不具备自主入睡的能力，需要通过后天的学习和训练才能掌握。作为父母，需要尽早地让宝宝养成规律作息，用恰当的方式引导和帮助宝宝学会自主入睡。

Q: 宝宝精神那么好，肯定是不困吧？

A: 婴儿通常越困反而越兴奋，乍一看精神好、玩得开心，但实际上可能是过度疲劳的表现。这时应尝试换个安静的环境和空间，远离刺激，抓住其睡眠信号及时哄睡才是关键。

Q: 宝宝眼睛睁得大大的，肯定是不想睡吧？

A: 婴儿缺乏自主入睡的能力，不睡觉不代表不想睡。对于成人来说，睡觉前会出现各种明显的睡眠信号，但是宝宝的睡眠信号有别于成人。如发呆、突然安静不互动的时候就很有可能表示宝宝困了。如果等到揉眼睛、打哈欠、哭闹的时候，宝宝很有可能会因为过困而难以入睡了。

Q: 宝宝大了自然就睡得好了吗？

A: 如果父母养育方式得当，大部分宝宝的睡眠能力在 4 月龄就培养得不错了。但是如果父母不重视睡眠能力的培养，小时候睡眠能力差的宝宝，长大后也不一定会变好，甚至可能更糟糕。

Q： 断了母乳，宝宝就不会夜醒了吗？

A： 吃母乳宝宝频繁夜醒，很可能是因为妈妈错误地将夜醒归结为宝宝"饿了"，并且频繁给予夜奶。但夜醒的原因有很多，并不一定是饿了。新手父母应该多观察宝宝夜醒的表现，找到真正的原因，才能彻底解决夜醒这个问题。

Q： 睡前加辅食或加餐，才能睡得更久、更好吗？

A： 有些父母为了避免宝宝夜醒喂奶，过早地给宝宝添加辅食，甚至在睡前给宝宝吃一顿辅食。俗话说"胃不和则卧不安"，晚上吃饱后，睡前添加的辅食容易造成胃肠负担，导致宝宝睡不好。宝宝1岁后，晚上吃饱了，不建议睡前再喝奶或吃夜宵。

Q： 宝宝哭累了，自然就能入睡了吗？

A： 小宝宝通常用哭来表达需求和情绪，需要父母非常多的关注和反应来建立安全感，满足他的需求。当他哭闹时，要逐一排查原因，如是否尿湿了、饿了等，并及时处理，这样才能让他有幸福感，才能安然入睡。

Q: 宝宝和大人一起睡才有安全感吗？

A: 亲子同床确实能方便父母照看孩子，但可能会影响宝宝睡眠，而且增加窒息猝死等不安全因素。最好让宝宝睡小床，如若没有条件，尽量让宝宝睡在靠墙的床面。

Q: 宝宝容易惊醒是因为缺钙？

A: 不管是吃母乳还是喝配方奶粉，只要是正常生长发育的宝宝，6 个月以内一般都不会缺钙。宝宝睡眠中惊醒的原因有很多，缺钙并不会直接导致睡眠不好。

Q: 为了不影响宝宝睡觉，白天也要拉上窗帘吗？

A: 胎宝宝在妈妈肚子里是感受不到昼夜变化的，所以父母在宝宝出生后要有意识地帮助其建立"昼夜观"。新生宝宝平均每天需要睡 20 个小时左右，白天不拉窗帘也不会导致他产生"昼夜颠倒"的错觉。如果觉得光线刺眼，可稍微遮挡，不需要完全拉上。

Q: 宝宝睡觉时一定要保持环境安静吗？

A: 胎宝宝在妈妈肚子里面临的是嘈杂的环境，有心脏跳动、外界的声音。在他出生后不要刻意把环境弄得很安静，反而让他没有安全感。而且绝对安静的环境会使宝宝对声音感知过于敏感，尤其当他已经习惯这种安静的氛围时，无意间的一点声响都有可能会对他的睡眠造成严重的干扰。

Q： 抱着睡可以让宝宝入睡更快吗？

A： 不可否认的是，抱着睡确实可以让宝宝获得一种安全感，但也容易让宝宝形成依赖性。时间久了，宝宝会习惯抱着入睡并且很难改掉这个习惯，甚至以后还会引起入睡困难。

父母最好从宝宝出生开始，就有意识地养成其良好的睡眠习惯，让宝宝学会自主入睡。

Q： 宝宝浑身软绵绵的，就该睡软床吗？

A： 宝宝的骨骼还很软，长期躺在过软的床上容易造成脊柱畸形，甚至窒息。建议以宝宝仰卧时屁股不塌陷作为选床垫的标准。如果觉得床特别硬，可以在床上铺一层松软的褥子，以弥补床面过硬的不足。

Q： 怕宝宝晚上踢被子受凉，得给他穿厚一点吗？

A： 小宝宝的汗腺发育还不完善，穿得太厚不仅会让宝宝发热、出汗，还容易造成呼吸及血液循环不畅，引起捂热综合征。宝宝睡觉时要尽量少穿衣服，如果怕他夜间踢被子着凉，可以选择厚度合适的睡袋用于保暖。

Q : 开着灯睡，宝宝会多一点安全感吗？

A : 最新的医学研究表明，如果宝宝经常通宵在开灯的环境中睡眠，可导致睡眠不安稳及睡眠时间缩短，进而影响生长发育的速度。建议出生后即开始培养宝宝关灯睡觉的良好习惯，夜里除了喂奶、换尿布可适时开灯外，不要宝宝一哭就马上开灯。

Q : 奶（奶瓶喂奶）睡更方便吗？

A : 对母乳喂养的宝宝，4个月以后才具备推开妈妈乳房而将妈妈惊醒的能力，所以对于还未满3月龄的宝宝，不推荐侧卧喂奶的方式。就算妈妈再困，也要坐起来喂奶。另外，如果宝宝经常含着奶瓶睡觉，牙齿被长时间浸泡在奶液中，容易使细菌大量滋生繁殖，很容易引起"奶瓶龋"的情况。

Q : 宝宝一有动静就要安抚吗？

A : 宝宝的睡眠分浅睡眠和深睡眠。在睡眠中，宝宝的小手、小脚时常会有些小动作，有时还会哼哼几声，这其实是宝宝处于浅睡眠阶段的表现。如果宝宝有些小动作或者哼哼唧唧，别急着安抚或喂奶。先观察一下，看宝宝能否自己接着睡；不能的话，再根据宝宝的需求来满足他。

Q： 摇晃能让宝宝睡得又快又香吗？

A： 很多人都喜欢在哄宝宝睡觉的时候，将他抱在怀里，摇晃宝宝，认为这样可以让他快速入睡。其实小宝宝的身体是非常柔弱的，父母如果经常性地对宝宝进行摇晃，很容易造成婴儿摇晃综合征，严重的甚至会引起颅内出血，增加死亡风险。

Q： 宝宝夜里醒来，有妈妈哄就行了吗？

A： 很多新手妈妈心疼老公，为了让他好好休息，夜里让其睡隔壁房间。但其实这样的温柔体贴，适得其反。育儿是两个人的事情，让孩子爸爸参与其中，会极大减少妈妈的负担，促进夫妻和亲子感情。

Q： 宝宝睡眠时间不达标会影响发育吗？

A： 睡眠时间充足对于宝宝的生长发育是非常关键的，但是不同宝宝之间也存在个体差异。只要宝宝的精神状态好、食欲正常、没有消化方面的问题、体重增长良好，不管什么时间入睡，只要他睡眠的总时间足够就可以了。

Q： 一定要让宝宝睡午觉吗？

A： 有的孩子天生精力充沛，白天不停玩、跳、跑，晚上睡得也很好，3 岁以上的孩子更明显。这些孩子往往都没有午觉的需求，父母就不要强求了，顺其自然吧。

体检的重要性

儿童体检经常会被父母忽视，大众普遍认为儿童健康体检就是"查体＋化验"，没有问题就不需要做体检。有部分家庭甚至没带宝宝去体检过，只有宝宝生病了，才会带去医院看。很多成人疾病在儿童体检的时候就能发现，若及时进行保健和治疗，就能避免日后出现的很多问题。

宝宝体检项目

根据年龄不同，儿童体检的项目也不一样。除了身高、体重、头围等常规发育评估外，还包括血常规、听力筛查、神经发育评估、眼科检查等。

宝宝多久体检一次

宝宝出生 42 天后开始在社区卫生服务中心或妇幼保健机构接受体检服务，在婴儿期第 3、6、9、12 个月各做 1 次体检。1～3 岁幼儿每半年做 1 次；3 岁以上每年做 1 次。

体检次数、时间可以根据宝宝的年龄和生长发育情况进行调整，每个地区略有不同。年龄越小，体检次数越多，这样越能及早发现宝宝生长发育过程中出现的问题，比如宝宝的辅食添加是否合理、运动发育是否正常等。

目前国内的儿童体检普遍比较"粗糙"，大多数儿童保健机构提供的儿童保健体检项目单一。很多体检工作只是宝宝刚好在社区打预防针的时候顺便做的，大部分的育儿相关知识还得靠父母自己去搜索了解。但不管选择到哪里体检，评估医疗机构和考量医生是否能满足宝宝的体检需求，都是父母应提前做好的功课，可以先上网查询或者咨询身边的妈妈，给自己做参考。

如果有问题，可以列个问题清单，到现场咨询。当然，你遇到的医生也许与你的育儿观念不同，请勿预设立场，应该真诚地与医生进行良好沟通，互相给予支持、反馈，对彼此都有益处。

健康体检不仅仅是做几项检查这么简单，它是一份与儿童同步发育的健康礼物，是保证儿童健康成长的重要手段。父母应养成每年定期带宝宝体检 1～2 次的良好习惯，并建立一份全面的、连续性的健康档案，有利于早期发现宝宝身体上、智力上及心理上存在的疾病。

> **提示**
>
> 宝宝体检时，有条件的家庭，可以全家人一起听听医生怎么说。这样家庭成员能直接了解宝宝情况，统一育儿观念，消除一些因为分歧引起的纷争。要知道，有时候医生的一句话，能顶替你解释半天。

通过生长曲线图判断宝宝生长发育情况

在门诊中经常有妈妈问："最近宝宝没怎么长身体，怎么办？"我问妈妈宝宝最近这 3 个月体重和身高的增长情况怎么样，大部分妈妈往往回答不出来。其实最能反映宝宝生长发育情况的是生长曲线图，通过对比生长曲线图，可以判断宝宝生长发育情况的好坏。

➡ 什么是生长曲线

宝宝从出生开始身体各部位的发育情况，我们很难用肉眼去判断宝宝是否达标、是否过快或者过慢。而生长发育曲线可以记录宝宝从出生到当下的一些身体发育的数值，比如身高、体重、头围三个重要的数据。通过每个时期的记录点连成一条生长发育的曲线，就可以直观地对比宝宝每个时期的生长发育情况；还可以对比平均值的百分位来确定宝宝发育状态处于大多数宝宝中的哪一个阶段。

➡ 如何使用生长曲线图

目前最科学和准确的生长曲线图是由世界卫生组织提供的标准生长曲线图，分男孩版和女孩版。

记录宝宝的生长曲线数据需要从出生时开始。前 6 个月每月测量一次身高、体重和头围等数据；6 个月以后每隔 2 ～ 3 个月就测量一次数据，将数据标记在曲线上；接着将各月份测量的数据点连成一条线，这就是每个宝宝专属的生长曲线。

➡ 如何读懂生长曲线图

世界卫生组织提供的标准生长曲线图有两种模式，一种为百分比图，另一种为 Z 评分图。因百分比图应用较为广泛，在这里就重点解说百分比图该怎么看。

使用百分位法的生长曲线图，可以清楚地看到图上有 5 条不同高度的曲线，从上到下分别是 97th、85th、50th、15th、3rd 百分位线。横坐标代表月龄，纵坐标代表身长。

一般来说，如果宝宝的生长曲线在 3rd ～ 97th 百分位线，生长曲线与参考的几条曲线大致呈平行状态，说明宝宝的发育是比较正常的，无需担心。生长曲线高于 97th 或者低于 3rd，说明生长发育速度过快或过慢，需要去医院做详细的检查和寻求医生的帮助（扫描右下角二维码，添加好友后，可免费领取全套"世界卫生组织 2006 年儿童生长发育评价标准表"电子版）。

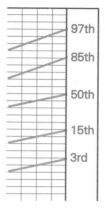

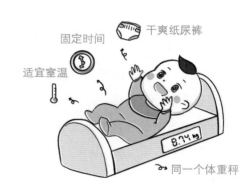

- 97th，意思是将有3%的婴幼儿高于这一水平，可能提示生长过速。
- 85th，提示在正常生长发育曲线中的相应水平。
- 50th，为中间的一条曲线，代表平均值。

- 15th，提示在正常生长发育曲线中的相应水平。
- 3rd，意思是将有3%的婴幼儿低于这一水平，可能提示生长迟缓。

▶高于97th属于异常情况，需要引起注意。

中上等

中等　　正常范围

中下等

▶低于3rd属于异常情况，需要引起注意。

以体重曲线图为例，体重曲线高于97th，表示可能过胖。

数值在 3rd ～ 97th，属于正常范围。

在 3rd 之下，说明宝宝可能存在体重过轻、发育迟缓等问题。

测量中需要注意的问题

➡ 测量体重

测量体重时，最好选择宝宝情绪比较好且与之前测量相同的时间和状态下进行，比如吃奶前后的体重会有差异。称重前最好将室温调至适宜的温度，给宝宝换上干爽的纸尿裤，只留贴身内衣。每次尽量使用同一个体重秤，以减少误差。

固定时间

干爽纸尿裤

适宜室温

同一个体重秤

➡️ **测量身长**

出生时宝宝平均身长约为50cm，1岁的时候约75cm，2岁的时候约85cm。

测量身长时需要注意3岁以下的宝宝需要躺着测量；3岁以后站着测量，以求测量数值比较准确。

宝宝的身长变化相对稳定，一般不受普通急性疾病影响。

如果发现增长特别缓慢，除了考虑受遗传因素影响，也要考虑是不是有喂养不当、慢性疾病等因素干扰。

比如3～6岁孩子每年身高增长小于5cm，就要留心。当然，除了排除慢性疾病、喂养因素，遗传因素也是非常重要的考量，可以使用以下公式预测孩子的遗传身高。

女孩（cm）＝（母亲身高＋父亲身高－13)/2±6.5

男孩（cm）＝（父亲身高＋母亲身高＋13)/2±6.5

但也有些孩子出现生长延迟的现象，有些到青春期才突然长高。

➡️ **测量头围**

头围大小及增长速度，是反映宝宝大脑发育是否正常的一个指标。头围过大，往往提示有脑部积水、脑肿瘤；头围过小提示大脑发育不良、小头畸形等问题，需要到医院就诊。

男宝宝的头围比女宝宝稍微大点。出生宝宝头围约为34cm，3月龄约为39cm，6月龄约为43cm，12月龄约为46cm，24月龄约为

48cm，到了 5 岁约为 51cm。

需要注意的是，很多父母测量头围的方式
是不正确的。头围应该是在孩子头部最大的地
方进行测量，将软尺 0 点固定在头部一侧眉弓
的上缘处；经过耳郭根部上方绕到后脑最突出
的一点后，再返回到另一侧眉弓上缘处。这样
测量的数值精确到 0.1cm 后，才是孩子正确的头围数值。

雨滴有话说

宝宝的生长曲线图如果呈楼梯状，往往是由两种情况造成。

第一，测量可能出现偏差，比如冬天测体重时衣服穿得过多，下次体检时衣服穿少了却没有合理扣除。

第二，生长速度并不是绝对均匀的，比如一段时间运动量大，食欲好，长得快些。

只要在一定范围内合理、持续地增长，父母就不要干预。如果宝宝体重、身长均增长缓慢，就要及时求助专业医生。

第 3 章

照顾宝宝不用愁
居家护理有诀窍

新生儿
洗澡注意事项

很多新手父母常常认为宝宝太小，抱在手里软绵绵的，不敢给他洗澡。可是新生儿新陈代谢旺盛，皮肤屏障功能弱，加上吃奶、溢奶、出汗等情况，需要及时清洁身体，否则易增加生病概率。在这一节，就给大家说一说如何给新生儿洗澡。

洗澡前的准备

对许多新手父母来说，给新生儿洗澡是一件非常棘手的事情，其实只要每次做好充足的准备工作，洗澡也不是什么难事。

◆ 在给新生儿洗澡前，要准备好洗澡需要的一些用具，比如澡盆、小毛巾、婴幼儿沐浴露、浴巾等。洗澡后要用的物品，例如干净的浴巾、干净的衣服、纸尿裤、护臀膏等要放在随手可得的地方，不要等洗完再急忙去找，容易使宝宝着凉。

◆ 确保洗澡时的室内温度控制在26～28℃。

◆ 澡盆中放好适宜温度的水。水温保持在38～40℃。

室温 26～28℃

水温 38～40℃

① **准备姿势**

轻轻脱掉宝宝的衣物，用一块毛巾将宝宝包裹好，放在与浴盆同侧手臂的臂弯里；用前臂托住他的头颈部，并用拇指和中指堵住他的耳道，另一手托住他的屁股。

② **清洁面部**

用柔软的小毛巾先从宝宝一只眼睛的内侧向外侧清洁，然后换毛巾另一个角，用同样的方法清洁另一只眼睛，之后依次清洁宝宝的鼻子、嘴巴和脸蛋。

③ **清洁头部**

先用小毛巾将宝宝头发沾湿，取少许洗发液，经温水稀释后均匀地涂抹在头发上，用指腹轻轻地按摩头部，然后用清水将泡沫洗去。

④ **清洁身体**

取少许沐浴液放在水中并混匀，撤去毛巾，缓缓地将宝宝放入水中适应水温。待适应后，轻轻地将他放在浴盆支架上，开始清洗皮肤褶皱部位。

⑤ **清洁完成**

最后用前臂托住宝宝头颈部，放在手臂的臂弯里，小心将他放在干净浴巾上，迅速擦干全身，撤去湿毛巾，用另一块干净的浴巾包裹保暖，给宝宝涂上护臀膏，穿上纸尿裤，再穿上干净的衣服即可。

脐带伤口的护理

有一次门诊来了一个脐带感染的宝宝，他的脐带被尿液浸泡一段时间了，父母太粗心，没有及时发现，所以引起了感染。直到宝宝发热，父母才意识到事情的严重性，赶紧带宝宝前来就医。当我打开宝宝衣服时，发现他的肚脐又红又肿，渗出不少脓液。宝宝在诊室里哭得撕心裂肺，一旁的妈妈忍不住落泪，懊恼自己没有早点采取措施，让宝宝受罪了。

什么是脐带

脐带是妈妈供给胎儿营养和胎儿排泄废物的必经之道

胎儿出生后，医务人员将其脐带结扎，剪断

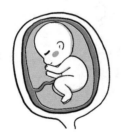

一般出生后2周左右，脐带残端会自行脱落

脐带是胎儿在母体内获得营养的重要通道。宝宝自母体娩出后，医护人员会使用脐带夹夹住靠近宝宝一端的脐带，剪断脐带，与胎盘端分离。一般 24 ~ 48 个小时后，脐带开始干瘪结痂。

脐带正式脱落之前，脐带连接腹部的部分容易被细菌感染。加之脐带结扎后脐血管端口还暴露在外部，当脐带断口处被感染，细菌等由脐血管进入血液循环后，会引起腹膜炎、败血症等严重病症。

如何做好新生儿脐带护理

➡ 保持脐带干燥

在宝宝脐带没有脱落前，尽量采用擦澡方式，不要盆浴；或者在盆浴时为宝宝贴上防水肚脐贴，以保持干燥。事后撕掉肚脐贴的时候一定要小心，不要过度用力，避免损伤宝宝娇嫩的皮肤。要让脐带自然脱落，千万别"帮"宝宝扯掉脐带，否则可能会造成出血和感染。

➡ 避免衣物及纸尿裤摩擦脐带

尽量让宝宝的肚脐暴露在外部，避免衣物及纸尿裤敷盖而产生摩擦。一般脐带端在宝宝出生 10 ～ 14 天会自然脱落，少数或许会有延长。同时注意正确使用纸尿裤，尽量避免大小便污染到脐带。男宝宝可以在更换纸尿裤时调整其生殖器的位置，以避免尿液过多污染到脐带。

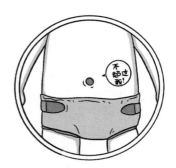

纸尿裤上缘不要超过肚脐位置，避免摩擦而诱发感染。

➡ 不要给宝宝乱用护肤品、药品

不应往宝宝的肚脐上涂抹婴儿护肤霜、护肤油、痱子粉等物品。它们不是无菌产品，也不是专门护理脐带的物品，不仅不会促进脐带脱落，还很可能引起脐带感染和皮肤红肿。

➡️ 脐带残端没有脱落，需要用酒精或碘伏消毒

宝宝出生时，助产士会用无菌操作来切段脐带，如能保持脐带清洁和干燥，发生感染概率很低。

使用酒精和碘伏消毒反而可能会影响脐带的干燥，杀死帮助脐带脱落的细菌，导致脐带残端脱落时间延长。如果有血渍，用棉签蘸生理盐水擦拭即可。

> **提示**
>
> 建议不要用紫药水和红药水进行消毒，这两种颜色容易遮盖肚脐分泌物，影响判断。另外，紫药水的干燥作用仅限于表面，结痂后易积脓，且其成分有潜在的致癌作用。

脐带护理的常见问题

➡️ 脐窝经常渗出液体，是感染吗

宝宝脐窝经常渗出一点清亮液体或者淡红色液体，只要没有红肿、化脓的表现，也没有大量液体渗出，每天保持 2 ～ 3 次清洁消毒，在家继续观察即可。

➡️ 脐带出血，怎么办

脐带残端脱落前的出血大多是由于衣物或者纸尿裤磨蹭导致的，小部分是由于宝宝感染、凝血功能异常导致的。脐带脱落时有少量出血，一般用纱布压迫止血即可，但发现其他异常时要尽快找医生处理。

➡️ 宝宝 1 月龄了，脐带还没脱落，还长了颗粒状小肉球，怎么办

出生 1 个月后，宝宝脐带残端还没脱落，有些是因为脐带结扎不够紧导致的，可以在 42 天体检时请医生检查。若脐带长了些颗粒状肉芽（小肉球），需要尽快找医生诊治。

囟门的护理

什么是囟门

宝宝脑袋上有两块没有骨头覆盖的区域，叫囟门。

头顶前部那块，呈菱形，是前囟门。宝宝出生时前囟门平均为 1.5～2cm。2～3 月龄时骨缝重叠，囟门逐渐消失；6～7 月龄后骨化成骨头，又会逐渐缩小。如果体检时发现宝宝前囟大于 4cm，不用担心，单一的前囟大小并没有临床意义，需要结合宝宝神经系统体征、头围等发育情况来综合评估。

后脑勺那块，呈三角形，是后囟门。后囟门一般在宝宝出生后 2～4 月内完全闭合。前囟门完全闭合一般在 1～1.5 岁，最迟不超过 2 岁。有 1% 左右的宝宝在 3 月龄前囟门闭合；到了 2 岁，有 96% 的宝宝前囟门完全闭合。

| 新生儿 | 12～18月龄 | 成人 |

后囟门
前囟门

雨滴医生育儿百科

囟门的作用

囟门除了能够帮助宝宝在生产时顺利娩出，其大小、闭合时间的长短都是反映宝宝大脑发育是否正常的指标之一。及时发现囟门的异常，能够及早发现问题，及时治疗。

囟门的护理要点

囟门如果长时间不清洗也会滋生细菌，引起头皮感染，所以定期清洗是有必要的。清洗时温柔一点，适当地揉搓是没问题的。

有的宝宝头上长了一层油油的头皮垢，像顶着一个黄色锅盖。父母可以在宝宝头皮垢处涂上润肤油，等待 30 分钟，头皮垢软化后，用梳子或者棉签擦拭。千万不要用手硬抠，否则容易造成创伤和感染。

前囟的解剖结构是额骨和顶骨交界处间隙，没有骨骼保护，表面是头皮，里面有脑膜、脑脊液等。用手指触摸宝宝前囟门时，可以感受到和脉搏、心脏跳动频率一致的皮下血管搏动，有时候可以看到前囟门跳动，都属于正常现象。

囟门异常的情况和原因

囟门异常一般都是指前囟门，囟门一般是平的或稍稍凹陷。囟门异常有 6 种表现，如闭合过早或过晚，囟门过大或过小，囟门明显凹陷或凸起。

➡ 囟门闭合过早或过晚

囟门在宝宝 6 个月前闭合或超过 2 岁还没闭合，就算是闭合过早或过晚。这可能是某些疾病的信号，如提示宝宝可能患有脑积水、佝偻病、呆小症之类的疾病，这时候要及时去医院检查，再对症治疗。

➡ 囟门过大或过小

囟门过大提示宝宝可能有先天性脑积水或先天性佝偻病；反之，囟门过小可能提示小脑畸形或囟门早闭。

➡ 囟门明显凹陷或凸起

囟门凹陷常见于呕吐、腹泻甚至脱水、营养不良、消瘦的小宝宝。如果宝宝精神很好，食欲正常，就没有问题，但也可以去医院做进一步检查。

宝宝哭闹时囟门凸起，摸上去有硬邦邦的紧绷感，提示颅内压增高，可能有脑膜炎或脑炎等病症。另外，服用维生素 AD 制剂过量也会引起囟门凸起。

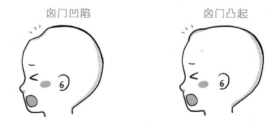

囟门凹陷　　　　　　　　囟门凸起

雨滴有话说

小脑畸形、脑发育不良，都可能造成前囟门早闭，但前囟门早闭并不意味着宝宝脑部发育一定有问题。囟门闭合了，宝宝大脑仍在发育，只要头围正常，一般不会对智力有影响。

前囟门闭合时间与头围大小没有明显的关联。补充维生素 D 导致前囟门闭合过快而头围发育跟不上，这个说法只是谣传。

耳朵和鼻腔的护理

美国每年有大约12500个孩子因为错误使用棉签，导致耳朵受伤。而我国因给孩子掏耳朵而误伤孩子鼓膜的事情也不少。

耳屎有什么作用

耳屎就是"耵聍"，是中耳腺体分泌物混合少数毛发形成的物质。它能保护鼓膜，起吸附灰尘异物、阻挡小昆虫、防止耳部感染的作用，同时还有湿润耳道、抗菌的功能。所以，耳屎的存在也有自己的价值。

微生物

阻

小昆虫 阻 耳屎

阻

水

正常情况下，孩子的耳屎会随着咀嚼、吞咽、张口呼吸自然而然地排出来，不会影响听力，也无需特殊清理。

在家如何观察宝宝是否有耳屎堵塞

有些宝宝的耳屎干干的，叫糠耳；还有一种耳屎黏黏油油的，叫油耳。

油耳主要是和遗传有关，并不是病，不用太担心。但有人会说黏糊糊的耳屎很恶心，其实，湿耳屎（油耳）的黏性更高，能更好地粘住不慎进入耳道的灰尘和水滴，保护性更好。

不管是干耳屎还是湿耳屎，能保护耳朵的都是好耳屎。

那么，在家该怎么观察宝宝是否有耳屎堵塞？

先固定宝宝头部和身体，用拇指、中指向后下方拉直他的耳垂；同时，食指反方向按压并推开其耳屏前皮肤，然后另一手持直光电筒，向宝宝耳道内垂直照射，就能看到耳屎。

发现大块耳屎堵塞不能掉出，可以请耳鼻喉科医生协助处理。不建议父母自行将棉签伸进宝宝耳道操作，这样可能会将耳屎推向更深处，甚至损害其鼓膜造成穿孔。

耳朵进水了怎么办

父母可以先用干燥的毛巾或纱布巾把宝宝外耳郭的水轻轻地擦拭干净，再用柔软的棉织物搓成灯芯绳状，轻轻地放进宝宝进水的耳朵。待棉绳吸收完水分变得潮湿后，再轻轻地拿出即可。

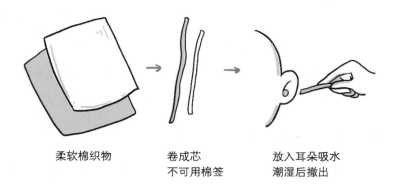

柔软棉织物　　　　卷成芯　　　　　放入耳朵吸水
　　　　　　　　　不可用棉签　　　潮湿后撤出

千万要记住，不要轻易将棉签塞进宝宝耳朵里面吸水，以免造成其外耳道损伤。

宝宝为什么喜欢抓耳朵

宝宝有时候喜欢抓耳朵，即使耳朵被揪得通红、出血，还是乐此不疲。那么，是什么原因导致他们喜欢抓耳朵？

➡ 对耳朵感到好奇

宝宝无意中抓到自己耳朵时就会觉得很开心、很好奇，这是他在探索自己身体的一种方式，发现自己身体的另一部分时，就会开始"把玩"起来。

➡ 耳屎过多

一般情况下，宝宝的耳道有自我清洁的作用，但耳屎过多且过黏时就容易粘在外耳道上堵住耳道，让他觉得不舒服。

➡ 长牙导致耳朵敏感

长牙期间，因为牙齿的萌出导致耳朵敏感，会让宝宝误以为耳朵痛，于是通过抓耳朵来缓解。

➡ 耳内异物

有些好奇心重的宝宝在玩的时候可能会将一些细小物件塞进耳朵，也可能有一些小虫钻进了他的耳朵，这些情况都会让宝宝感到不适。对于还不会表达的宝宝，父母要多细心观察；对于已经会说话的宝宝，要耐心询问，及时带他去医院进行处理。千万不要在家中自行处理，以免让异物越掏越深。

➡ 中耳炎

中耳炎是 6 月龄至 3 岁宝宝中常见的疾病之一，通常与感冒的症状非常相似，很容易被忽视。急性中耳炎时，鼓室内出现积液、积脓，鼓膜充血肿胀，有明显疼痛感。小宝宝不能准确表达，会出现难以安抚的剧烈哭闹，并用手用力抓耳朵或用手拍头。

当宝宝不明原因地夜哭不止时，如果最近还伴有发热、咳嗽等情况，就要考虑是否继发急性中耳炎，不要自行用药，应尽快就诊，以免耽误病情。

➡ 耳朵湿疹

耳朵湿疹表现为耳郭前后、耳周皮肤、外耳道等处有斑点状红疹、丘疹、糜烂渗出、黄色结痂等，一般伴有头面部及身上湿疹等。

患耳朵湿疹时会有明显瘙痒等不适感，因此宝宝会用手指插入耳道口去抓挠，严重影响睡眠及生活起居。

耳朵湿疹的处理方法同其他皮肤湿疹一样，做好保湿并在医生指导下使用激素类乳膏局部涂擦即可。合并细菌感染时，在医生指导下给予抗生素局部滴耳或涂抹。

什么情况下要去耳鼻喉科检查

◆ 耳道被耳屎堵住时。

◆ 宝宝拉扯耳朵，一直说耳朵痛或痒。

◆ 耳朵流脓。

◆ 有听力下降的表现，比如需要反复多次呼叫或有更响的声音才能听到。

医生会先用窥耳镜检查宝宝耳道情况，根据耳屎情况给予针对性治疗。

鼻屎如何清理

对于成年人来说，有鼻分泌物（俗称"鼻屎"）可能并不是严重的事情。但对于小宝宝来说，鼻子里积攒了较多的鼻分泌物时，就会引起鼻塞并导致呼吸不畅；加上宝宝的鼻孔较小，当鼻分泌物较干且附着在鼻黏膜上时，父母也不敢给他清理，怎么办？

➡ 鼻屎位置较浅

当宝宝鼻屎的位置比较浅时，父母可在宝宝洗完澡，鼻屎软化后再用棉棒或棉线轻轻地卷出来，注意动作要轻柔。

也可使用生理盐水、橄榄油等软化鼻屎。

1.软化鼻屎

2.拧成细条

3.轻轻卷出鼻屎

➡ 鼻屎位置过深

鼻屎位置过深时，要先将鼻腔深处的鼻屎软化，再用吸鼻器或小夹子将鼻屎弄出来。

鼻塞的原因及处理

天气变化剧烈，宝宝就容易感冒鼻塞。鼻塞影响宝宝吃奶、睡眠，让宝宝很难受。妈妈想帮忙却使不上劲，常常搞得很焦虑。

鼻塞的宝宝，睡觉时打鼾，常常喘粗气，有时候还会张口呼吸，烦躁哭闹。

想要解决鼻塞问题，先要了解为什么会鼻塞。

➡ 恼人的鼻塞是怎么发生的

◆ 年龄原因

宝宝鼻腔短直而小，鼻道窄，血管丰富，当鼻腔黏膜充血肿胀，鼻腺体分泌增多时，就会形成鼻涕，引起鼻塞。这种情况在3月龄以下的宝宝最多见。

◆ 疾病因素

感冒、鼻窦炎、过敏性鼻炎、腺样体肥大、鼻腔异物均可导致鼻屎增多或鼻塞。

感冒时，病毒感染致鼻腔黏膜充血水肿、腺体分泌，则表现为鼻塞、流涕。

◆ 环境因素

室内湿度低，空气干燥，易形成鼻痂，阻塞鼻道导致鼻塞。这种情况在北方冬天多见。

➡ 尝试用7种方式缓解

◆ 变换体位

通过变换体位可改善鼻塞症状，比如竖直抱起宝宝，把他的头垫高或者让其保持侧卧位睡眠。

◆ 局部热敷

可以用温热毛巾（不要超过49℃）敷宝宝鼻根部，减轻其鼻塞的症状。

◆ 按摩穴位

按摩双侧迎香穴，可起到缓解鼻塞的作用。

◆ 清理鼻痂

如果宝宝鼻屎很多，又比较硬，可以尝试在鼻腔涂凡士林或红霉素软膏，这样有助于软化鼻痂，更好地将其清理出来。

◆ 调节室内湿度

在房间放个加湿器，将室内湿度调至 50%～60%；或者和宝宝在充满水汽的浴室里待 15 分钟。

◆ 调节室内温度

如果有开暖气或者冷气，不要带宝宝频繁出入。忽冷忽热，反而容易致病而引起鼻塞。

◆ 用海盐水洗鼻子

只要宝宝能接受，可以用海盐水喷鼻子或者洗鼻子，根据实际情况每天使用 1～4 次。尽量不要使用自制盐水，浓度和卫生状况无法保障，容易引起感染。

已经尝试上面所有的方法，还是无法缓解宝宝鼻塞症状的话，就需要求助医生，使用抗组胺药物减轻鼻腔黏膜充血、肿胀的情况，如盐酸西替利嗪等。

> **提示**
>
> 鼻塞时不建议使用滴鼻净（盐酸萘甲唑啉），不建议口服氨酚黄那敏、愈酚甲麻那敏等复方制剂药物。

宝宝的私处护理

很多父母不懂如何清洗宝宝的私处，常常前来门诊求助。

在这一节里，我们将分为男孩篇与女孩篇给大家详细讲解一下宝宝的私处护理知识。

男孩篇

男宝宝私处清洗方式

清洗时，用右手的拇指和食指轻轻捏着宝宝阴茎的中段，轻柔地朝着腹部方向推开包皮，让龟头和冠状沟完全暴露出来，再用温水冲洗。

宝宝的龟头平时都被包皮遮盖，黏膜很娇嫩，对外界触觉非常敏感，因此要用温水轻轻冲洗，动作要轻柔，洗后要把包皮恢复至原位。

清水冲洗

对于稍大的男宝宝，清洗时，孩子的阴茎可能产生勃起、跳动等现象，此时父母需要保持冷静，给宝宝解释这是正常现象并顺势对他进行性教育，比如怎么清洗、如何爱护自己的性器官、穿内衣裤的地方不可以让别人碰触等。

男宝宝私处常见问题

➡ 3岁以下的男宝宝会有晨勃吗

晨勃多从青春期开始，3岁以下的男宝宝出现晨勃或者阴茎勃起，通常是局部刺激引起的，如憋尿。

➡ 包皮过长和包茎

正常情况下，阴茎松弛时，包皮是不遮盖尿道口的，能露出冠状沟。包皮过长是指阴茎头被覆盖或不能完全露出，但包皮口比较大，用手往下撸，很容易就能翻开，露出阴茎头。

包茎是指包皮口狭小，即便用手往下撸，也无法露出阴茎头。两者区别在于能不能翻开包皮而露出阴茎头，能翻开的是包皮过长，不能翻开的是包茎。

96％的男宝宝都有包茎，医学上称之为生理性包茎，属于正常现象。要注意的是，男宝宝3岁之前，千万不要粗暴地强行翻其包皮，因为有可能使包皮卡在上面而翻不下来，形成包皮嵌顿，这时就需要马上到泌尿外科就诊。

如何帮宝宝清洗包皮

1. 将包皮轻轻地翻下来。

2. 用水冲洗。

3. 用软纱布轻轻地擦洗。

4. 清洁过后将包皮还原。

照顾宝宝不用愁，居家护理有诀窍

如酒壶状　　　　包皮口小　　　　不能下翻

真性包茎

包皮过长，导致阴茎头像酒壶状。

包皮口太小，阴茎头出不来。

包皮不能往下翻，导致阴茎头无法露出。

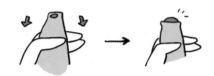

用手往下翻包皮，阴茎头能露出一点或者露不出来。

假性包茎

雨滴有话说

　　很多父母会把包茎和包皮过长混淆，但其实包茎≠包皮过长。包皮过长是指包皮包裹着阴茎头，虽然覆盖过多但能翻开，显露出阴茎头。包茎则是指包皮口过于狭小或者包皮粘连，不能翻开而显露出阴茎头。

◆ 包皮过长或包茎会不会影响阴茎发育

影响阴茎发育的主要因素是体内雄激素的水平、遗传、营养状况和年龄，与包皮的长短无直接关系。

◆ 包皮过长需要手术吗

到了 11 岁，很多孩子就能完全翻开包皮，露出阴茎头。太早做包皮手术，很有可能让他多受罪。只要没有尿路感染等异常情况，做好日常清洁就可以。

◆ 1 岁男宝宝有包茎，可以马上做手术吗

宝宝 3 岁前有包茎都属于正常生理现象，很多情况可以继续观察。到了 5～7

岁还是包茎的话，才考虑手术。手术还是存在一定风险的，如在年龄很小时就把包皮割了，到了发育的时候，可能会出现包皮不够用的情况；或者长大以后，性生活勃起时会出现勃起疼痛，以致性生活受影响。

包皮过长，有时可能是其他发育问题的表现，比如胖孩子脂肪多，阴茎埋在肉里，看上去又短又小，情况和包皮过长很像，这可能是隐匿性阴茎，不能做手术。假如不彻底治疗包皮过长背后的根本性疾病，后续可能会带来很多麻烦或造成无法弥补的后果。

◆ 包茎的孩子几岁做手术比较好

还是要根据各家具体情况而定，没有标准答案。

做了翻皮训练，效果仍不理想的，建议在上小学之前，即 5～6 岁做包皮手术，可以安排在暑假，孩子术后穿得很少，待在空调房里休息，比较方便。

以下几种情况要考虑进行手术。

1. 反复出现尿频、尿急、尿痛等尿路感染。

2. 反复出现包皮红肿、热痛等炎症反应。

3. 出现排尿困难，排尿时包皮鼓起，呈气泡状。

4. 6～7 岁以后还出现包茎。

◆ 如何帮孩子做翻皮训练

每天洗澡时，先用热水冲一冲孩子的阴茎，使皮肤放松。

和孩子沟通好，在他允许的情况下用手指指腹轻轻地将他的包皮向后推，每次推一点点，不要强求。要在他感觉不适时停止，避免引起反感情绪。

翻开包皮，阴茎头露出后，清洗阴茎顶端和包皮褶皱处的包皮垢。洗完将包皮复原。如果父母自己"下不去手"，也可以到医院请医生来帮忙翻。

进行一段时间的翻皮训练后效果不理想的，可以请医生做详细的评估，看是否需要手术、何时手术最好，千万不要一直拖延。

➡ 包皮龟头炎

经常见到有的孩子突然阴茎头又红又肿，甚至又痒又痛，尿液检查也没查出什么问题。这种情况可能是细菌感染或者过敏等原因引起的皮炎。

如果是细菌感染引起，医生可能会给孩子开百多邦软膏（莫匹罗星）等抗菌药物，同时嘱其多喝水排尿，穿宽松的棉质内衣裤，注意清洁卫生，不要抓挠，以避免加重炎症。

➡ 包皮垢

很多父母看到有一块白白的东西在孩子的包皮里，感到很害怕，不知如何处理。其实这只是包皮垢，没有引发炎症感染就无需处理，不要强行去翻洗，以免引起孩子阴茎疼痛、包皮撕裂出血。等到包皮能上翻时，包皮垢自然就可以清洗干净。

➡ 阴囊肿胀

如果出现阴囊肿胀的情况，临床上通常考虑为鞘膜积液或脐疝。

◆ 鞘膜积液

鞘膜积液和疝气虽然不是一种病，但两者的发病机理类似，都是腹膜鞘状突闭合不全造成的。只不过与疝气相比，鞘膜积液的鞘状突较细，仅有液体通过。

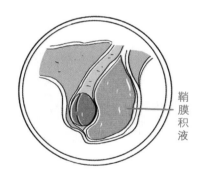

鞘膜积液

患鞘膜积液的孩子基本没有不舒服的表现，多数在洗澡时被发现一侧或者双侧腹股沟、阴囊有囊性包块，有时看上去像有 3 个"蛋蛋"，包块可随精索上下移动。

这种包块一般在幼儿活动后增大，可能晨起后比较小，一天活动下来又会增大一些，轻轻挤捏后不能变小或消掉。这个时候用电筒对着包块照射，包块可以透光。

雨滴医生育儿百科

1～2 岁以下的患儿有自愈的可能，不必急于手术，可以先观察。2 岁后鞘状突自行闭合的机会不大，大部分医生会建议手术。

◆ 腹股沟斜疝

多因胚胎期腹膜鞘状突没有关闭，导致腹腔在腹股沟内环口位置有一缺口，肠道、大网膜等沿着缺口跑到阴囊、腹股沟内鼓起来。尤其在孩子哭闹、咳嗽等用力活动时出现，安静时消失，反复出现。

这是一种先天性疾病，是小儿外科最常见的疾病之一，大多需要手术治疗。6 月龄以下患疝气的宝宝有可能自愈，可以先观察。6 月龄后即可考虑手术治疗。

手术是目前治疗疝气效果最佳且最有效的方法。不推荐使用疝气带、硬化注射等没有经过科学验证的疗法，如生物胶注射会造成睾丸等严重损伤，甚至引发肠粘连等严重后果。

> **雨滴有话说**
>
> 　　值得注意的是，有疝气的孩子，父母应密切观察。一旦发现疝物不能回纳，孩子出现哭闹、呕吐、腹胀等症状，可能是发生了疝气嵌顿，应立即送往医院进行手法复位或手术。假如不及时治疗，可能发生疝内容物（如肠道、大网膜等）及睾丸的缺血性坏死。

腹压增加，疝环扩张　　　　疝环回缩，小肠嵌顿

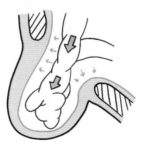
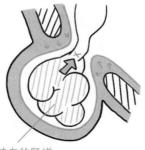

缺血的肠道

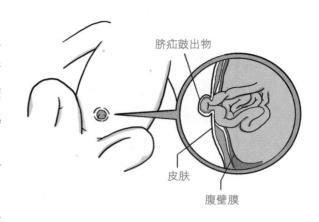

脐疝鼓出物

皮肤

腹壁膜

◆ 脐疝

有一些妈妈发现宝宝出生不久，一哭闹、一用力，肚脐就会凸出来，圆圆的，轻轻按一下，里面还会咕咕响，听起来挺吓人的。这就是脐疝。

脐疝不会对宝宝造成任何不良影响。随着腹肌发育成熟，到了 1 岁半左右，大部分宝宝可以自愈，无需贴硬币、绑带子去压迫。如果 2 岁以上缺损还在持续增大，或局部缺损面积大于 2cm，可考虑手术治疗。

父母发现突起的包块突然变硬，宝宝哭闹不停时，也要警惕脐疝嵌顿，必要时去医院检查。

➡ 隐睾

◆ 如何确认宝宝是隐睾

隐睾是指男宝宝出生后，一侧或者双侧的睾丸未能按照正常的发育过程下降到阴囊内的一种病理状态，又称为睾丸下降不全。隐睾多见单侧，右侧发生率高于左侧。

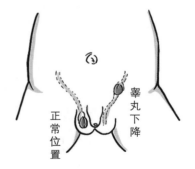

睾丸下降

正常位置

父母可以在宝宝洗澡的时候，触摸宝宝的阴囊。这时可以触摸到他阴囊内的睾丸，而在较寒冷的情况下有时候触摸不到，就需要尽快找医生判定。医生除了查体，还借助 B 超、CT 等手段进行检查。

◆ 隐睾有什么影响

隐睾最主要的危害是可能影响以后的生育能力，还可能出现恶变。

隐睾会有什么影响

☐ 生育能力下降或不育

阴囊的温度略低于体温，适宜正常睾丸内生殖细胞的发育；而睾丸不在阴囊内，就会导致生殖细胞及睾丸组织结构发育变差。假如不及时治疗，另一侧睾丸正常者，可维持正常或接近正常的生育功能，但双侧隐睾者常出现不育。

☐ 睾丸损伤

位于腹股沟管内的睾丸因为位置表浅、固定，容易受到外力的直接损伤。隐睾扭转和隐睾癌变的概率比正常人高出很多倍。

☐ 伴随相关异常

可伴有输精管和附睾畸形、鞘状突未闭、尿道下裂等泌尿系统异常，以及睾酮、促性腺激素等分泌异常。

☐ 精神影响

往往会使孩子自卑，使父母对孩子日后不育产生焦虑等精神影响。

◆ 隐睾一定要做手术吗？手术的最佳时间是什么时候

6月龄内的患儿可先观察，等3～6个月后复查评估。有数据表明，单侧隐睾者的生育能力与手术年龄呈反比关系，即手术时年龄越小，术后生育能力越高。在1～2岁做手术，成年后的生育率为87.5%，13岁后再做，成年后的生育率仅为14%。所以对于单侧隐睾患儿，只要尽早接受正规治疗，成年后的生育能力并不比正常人差。而双侧隐睾患儿即使接受治疗，成年后的生育能力比单侧者和正常人都有明显降低。双侧隐睾患儿接受治疗后的生育率约为62%，而正常人群的生育率约为94%。

◆ 做隐睾手术后，宝宝的生育功能会恢复正常吗

没有隐睾的男性中尚有不育的，进行隐睾手术只是降低了不育的概率，但并不能保证完全恢复与正常男性相同的生育能力。

女宝宝私处清洗方式

女宝宝和成年女性一样，也有阴道分泌物，父母每天给她清洗私处也是必需的。

 **女宝宝私处
清洁注意事项**

☑ 第 1 点

女宝宝生殖器官离肛门很近，这个生理特点决定了女宝宝的外阴部清洗和护理要比男宝宝更细致。每次换尿布和处理大便时要认真清洗。如果是小便，则不用每次清洗。

☑ 第 2 点

清洗阴部的时候一定要遵循从前往后的顺序，从中间向两边清洗小阴唇部分（小便的部位），再从前往后清洗阴部及肛门。因为阴道口与肛门距离非常近，感染的机会比较多。

☑ 第 3 点

切忌过度清洁，女宝宝的私处和成人一样，也会有些分泌物，这些分泌物像一道天然的屏障，可以为娇弱的黏膜起到保护作用；过度清洗，反而破坏了局部环境的酸碱平衡，更容易产生问题。

☑ 第 4 点

为女宝宝准备专用的小脸盆清洗或用淋浴头直接冲洗，小内裤单独清洗。

☑ 第 5 点

不要用婴幼儿湿巾清洁私处。

☑ 第 6 点

外阴要保持干爽，不能用爽身粉。如果偶尔发红，可以涂点润肤油或医用凡士林，必要时可在医生的指导下使用外用药膏。

☑ 第 7 点

只用清水擦洗，不要使用私处护理液。

☑ 第 8 点

如果女宝宝小阴唇周围有白色分泌物，切忌强行擦拭，最好用温水清洗小屁屁后，轻轻分开其大阴唇，再用棉签将分泌物擦去即可。

女宝宝私处常见问题

➡ 阴唇粘连

一般来说，阴唇粘连在 3 月龄至 3 岁高发。

目前认为小阴唇粘连的发病原因与体内雌激素水平低下有关。有研究显示，女宝宝出生后至 3 月龄，雌激素水平下降，甚至不足出生时的 1/3。

另外，阴唇损伤、没有及时更换纸尿裤、起尿布疹和父母重视不够或过度清洁等因素也是阴唇粘连的重要原因。

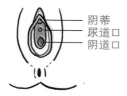

正常情况

阴蒂
尿道口
阴道口

两侧阴唇分开，阴道口、尿道口完全暴露。

轻度粘连

阴蒂
尿道口

小阴唇上部、中间或下部粘连，阴道口或尿道口不能完全暴露。

重度粘连

阴蒂
阴唇融合

两侧小阴唇完全粘连在一起，中间形成膜状粘连线，膜中间或可见小孔，阴道口、尿道口完全不能暴露。

大部分阴唇粘连在宝宝进入青春期后，随着体内雌激素水平的升高，可以自行分开。除非粘连范围比较大，出现炎症或者排尿困难，才需要求助医生。

父母每天用清水清洗宝宝外阴局部之后，可涂上一层薄薄的医用凡士林，切不可过度清理或者强行剥离宝宝外阴局部的白色分泌物，否则容易造成损伤，引起粘连、感染。如果有局部红肿等炎症情况，可在医生指导下涂抹红霉素软膏或者百多邦软膏，每天 2 次。

重度粘连时可能会掩盖阴道口和尿道口，影响阴道分泌物的排出和排尿。此时可以在医生指导下每天外用雌激素药膏 2 次，直至粘连症状消除。如有炎症，应积极治疗。有一部分宝宝，一旦停止涂抹药膏，病情就会复发，建议先咨询医生，再考虑是否继续涂抹。

➡ 新生女宝宝乳房隆起、有分泌物，正常吗

有些女宝宝在出生后 1 周会出现类似女性白带的分泌物，这让父母很恐慌。

其实胎宝宝还在妈妈肚子里时，会摄取特别多来自妈妈身体的雌激素。出生后，女宝宝雌激素的主要来源中断。于是父母会惊讶地发现女宝宝的外阴"肿胀"，甚至还有乳房隆起、阴道出血等现象。不必担心，一般在 1 周之后，这些情况就会自行消失，父母只需每天用清水洗净女宝宝外阴即可。另外，不要去挤宝宝乳头或乱用药，以免带来伤害。

➡ 2 岁女孩喜欢双腿上下来回蹭，脸部发红，正常吗

这属于情感交叉腿综合征，是指幼儿时期孩子出现双下肢伸直交叉或夹紧双腿，做擦腿动作。也有孩子会反复用手或其他物品摩擦自己的外生殖器，引发面色潮红、表情紧张、额头出汗等一系列症状。这种情况多见于 1～5 岁的孩子，女孩比男孩多见。个别孩子因缺乏关爱或遭受歧视，感情得不到满足，一旦不经意发现这种反应，便通过自身刺激开始发泄。

孩子上述行为本身不会对身体造成伤害，只是会让父母产生焦虑。事实上，这是孩子对于自己身体的一种探索，就像胎宝宝在妈妈子宫内会触摸自己的外生殖器、出生后摸妈妈乳房一样，都是无意识的性萌芽，不应受到指责和歧视。父母首先应给孩子穿宽松的衣服，尝试转移其注意力。如果孩子比较大了，可以通过绘本、动画片告诉孩子这是自己的隐私部位。另外，还要观察是否有蛲虫病、男孩包茎等会引起局部痒感的情况。

新生儿黄疸

对于黄疸的处理，老一辈人总有自己独到的"秘方"，如用金银花水、茵栀黄药液给宝宝泡澡，让宝宝多晒屁股等。有一些药物可能产生的不明副作用，如果孩子是病理性黄疸且没有及时接受治疗，还会带来不可预计的后果。

什么是新生儿黄疸

新生儿黄疸是新生儿时期的常见病，它是由于胆红素代谢异常，引起血中胆红素水平升高，而出现的以皮肤、黏膜及巩膜黄疸为特征的病症，分为病理性黄疸和生理性黄疸。

引起黄疸的主要原因

胎儿产生的胆红素主要通过胎盘进入母体的血液循环，再经肝脏和胆道系统排泄。宝宝出生后开始建立自己的呼吸系统，身体不需要那么多红细胞携氧，加上本身肝功能不成熟，没有能力处理过多的胆红素，就会导致短时间内大量胆红素蓄积，发展为新生儿黄疸。

几乎所有新生儿都会出现总胆红素水平升高的情况，大约有一半的宝宝可以明显看到眼睛或者皮肤变黄。不过随着宝宝逐渐长大，他们的肝功能也会逐渐发育完善，因此足月儿生理性黄疸通常在2周内消退，早产儿的黄疸则是在4周内消退。

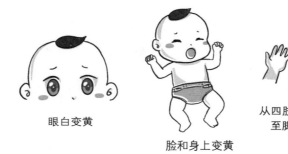

眼白变黄

脸和身上变黄

从四肢蔓延至脚心

新生儿黄疸通常从面部皮肤开始出现黄色，随着体内胆红素水平的升高，黄色逐渐按从头到脚的顺序向全身扩展。但由于黄种人本身皮肤颜色不一，单靠肉眼判断是不准确的。黄疸的严重程度与新生儿的胎龄、是否合并其他病症有关，需要综合考虑才能作出诊断。

除了生理性因素，病理性疾病如G6PD缺乏症（俗称"蚕豆病"）或遗传性球形红细胞增多症等，也会造成红细胞破坏增加，加重新生儿黄疸。另外，先天性胆道闭锁、病毒性肝炎等疾病也会导致黄疸长期不退。

黄疸是否有危害

正常人血液和脑组织之间存在一个血脑屏障，它就像过滤器，可以阻止血浆中的有害物质进入脑组织。刚出生的宝宝肝功能发育尚未完善，结合胆红素和排泄胆红素的能力仅为成人的 1%～ 2%，所以极易出现黄疸。新生宝宝处于饥饿、缺氧、头颅血肿、胎粪排出延迟等状态时，更容易加重黄疸。当胆红素水平升得过高，或者在某些疾病状态下，血脑屏障通透性会增加。有一部分胆红素就可能通过血脑屏障，发生由胆红素诱导的神经功能障碍，导致急性胆红素脑病和核黄疸，严重时会有生命危险。

生理性黄疸与病理性黄疸的区别

生理性黄疸与病理性黄疸简易对照表		
类　别	生理性黄疸	病理性黄疸
发病时间	出生后 2～ 3 天出现，10～ 14 天消退	出生后 24 个小时内出现，超过 14 天不消退，易复发
血清总胆红素（判断指标）	足月儿 < 221 μmol/L （12.95mg/dl） 早产儿 < 257 μmol/L （15mg/dl） 每天升高 < 85umol/L（5mg/dl）	足月儿 ≥ 221 μmol/L （12.95mg/dl） 早产儿 ≥ 257 μmol/L （15mg/dl） 每天升高 > 85umol/L（5mg/dl）
症状表现	皮肤浅黄色，从眼白开始蔓延至面部；大便色黄，尿不黄	皮肤深黄色，累及躯干、四肢；大便色变浅，尿色深黄；躁动、呕吐、不肯吃奶
治疗情况	一般自然消退，无需特殊治疗，多见于眼白、躯干及四肢	治疗效果欠佳，可能会存在后遗症，如生长发育迟缓

➡ 母乳性黄疸

有些新生宝宝吃母乳后也会出现黄疸，这是一种特殊类型的黄疸，发病机理尚未明确。目前认为，母乳中 β - 葡萄糖醛酸苷酶活性过高，使胆红素在肠道内重吸收增加引起。

母乳喂养的宝宝停止哺乳 48 ～ 72 个小时后，黄疸明显消退，血胆红素水平迅速下降。若再次哺乳，黄疸又再次加重。出现这种情况时，不建议妈妈因焦虑而停掉母乳喂养。一则容易导致妈妈情绪不佳，影响母乳分泌量；二则宝宝摄入母乳量不够，排便减少，胆红素排出量也会减少，反而可能延长黄疸的时间。

只要宝宝胆红素水平在安全范围（< 20mg/dl）内，皮肤不会太黄，母乳摄入量也够，都建议正常哺乳，让宝宝多吃多拉。一段时间后，黄疸就会逐渐消退。

黄疸的治疗方法

这里所谈的治疗，主要是针对胆红素水平升高本身的治疗。如果黄疸是由其他疾病引起的，则需要针对相应的原发病进行治疗。

目前，对黄疸有效的治疗方法主要包括蓝光照射和换血。

➡ 蓝光照射

最常用又安全的治疗方法是蓝光照射，简称光疗。光疗的原理是通过特定波长的光照来改变胆红素的结构，可以降低胆红素的神经毒性，并且加速其从体内排出。把宝宝放在特制的蓝光箱中进行持续照射治疗，一般经过 24 ～ 48 个小时，黄疸的情况就能得到明显改善。

另外，即便再焦虑，也千万不能在网上购买所谓的蓝光设备，在家里自行给宝宝做蓝光治疗。这很有可能导致宝宝脱水、发热，甚至延误病情。

➡ 换血疗法

换血疗法是直接置换出血液中的胆红素和抗体，通常用于光疗失败、重度高胆红素血症或者已经出现神经系统症状的患儿。

在现有的医疗条件下，如发现新生儿黄疸，只要及时就诊，听从医嘱，认真接受治疗，一般都能治愈，极少会留下可怕的后遗症。

> **提示**
>
> 不要听信民间偏方，给宝宝喂金银花水、葡萄糖等，这些对宝宝病情的缓解没有作用，还可能拖延病情，造成严重的后果。如果发现宝宝身体、脸部、眼白变黄，大便越来越白，提示肝胆可能出现了问题，应尽早带宝宝到医院就诊。

肠绞痛 & 肠胀气

什么是婴儿肠绞痛

2006 年，罗马协作组将婴儿肠绞痛的诊断标准确定为：无明显原因突发或停止的易激惹、烦躁或哭闹，每周至少发作 3 次，每天至少持续 3 个小时，至少持续 1 周，宝宝没有其他异常，不影响生长发育。

近期，还有医生提出发育良好的健康婴儿，在夜间相似时间点连续 1 周以上发生不明原因的持续性哭闹，也可认为是婴儿肠绞痛。

肠绞痛的症状

肠绞痛主要发生在出生 2 周至 4 月龄的宝宝。

宝宝在哭闹时通常伴有尖叫、四肢屈曲、双脚用力蹬等表现。这些症状大多在 4 月龄后开始缓解，但一般要等到 6 月龄之后才可完全消失。父母无需为此过度焦虑。

肠绞痛的原因

目前引起肠绞痛的原因仍不确定，可能与以下因素有关。

◆ 胃肠道功能不成熟。可能与自身消化道功能尚不完善有关。

◆ 牛奶蛋白过敏。有研究表明，母乳喂养的婴儿比普通配方奶粉喂养的婴儿发生肠绞痛的概率更低，可能是因为配方奶粉中的牛奶蛋白会引起过敏反应。

◆ 胃肠道菌群发生变化。国外有研究表明，有肠绞痛症状的婴儿，其消化道内的大肠杆菌数量呈明显上升趋势，而乳酸杆菌的数量却有所下降。如宝宝胃肠道内环境菌群失调，就有可能影响胃肠道蠕动功能，导致胀气，引起肠绞痛。

◆ 其他因素。孕妈妈吸烟、孕妈妈年龄增加等，也可能是宝宝出生后发生肠绞痛的原因。

婴儿肠绞痛的治疗

由于肠绞痛的发病机制尚不明确，治疗通常以缓解不适症状为主。

肠绞痛只是一种症状，会随着宝宝消化系统功能的完善而逐渐消失，一般不需要过分担心。一些非常焦虑的父母，可以尝试以下做法缓解。

▶ 饮食调节

母乳喂养的宝宝发生肠绞痛的概率比配方奶粉喂养的宝宝低，因此无需停止母乳喂养。哺乳期妈妈可尝试不喝牛奶、咖啡等。

如果是配方奶粉喂养的过敏体质宝宝，可以尝试 1 周的水解配方奶粉喂养，如有效则可以持续喂养 3 ～ 4 个月。

▶ 药物缓解

◆ 西甲硅油。目前的随机对照临床研究未提示西甲硅油可以缓解婴儿肠绞痛。但是，临床使用西甲硅油确实能缓解部分婴儿的肠绞痛[3]。

◆ 益生菌。目前并没有确切的证据证明益生菌能治疗肠绞痛，但基于目前研究来说，益生菌的使用可能会在一定程度上缓解症状。即便如此，父母也不可随意给宝宝服用，需在专业儿科医生的指导下使用。

◆ 乳糖酶。只有部分临床案例中提到过乳糖酶能够缓解部分肠绞痛患儿的症状，需经过专业的儿科医生指导再服用。

另外，抚触、推拿、襁褓包裹、轻晃、飞机抱、给予安抚奶嘴、让宝宝保持侧卧位、在宝宝耳边发出"嘘嘘"声，都是安抚宝宝的常用方法。虽然不一定对所有宝宝都有用，但起码能缓解宝宝因不适引起的烦躁情绪。

> **提示**
>
> 　　对于宝宝和父母来说，婴儿肠绞痛是一个相对痛苦的经历。但是，婴儿肠绞痛是一个自限性疾病（现象），父母切莫过分担忧，特别是妈妈，一定要调整好心态。

注意区分新生儿肠胀气

新生儿还有一种症状与肠绞痛比较相似，那就是新生儿肠胀气，要注意区分两者之间的差别。

严格来说，肠胀气并非一种疾病，一般情况下不需要药物干预，只需想办法缓解宝宝的症状，并且注意预防就可以了。

◆ 3月龄以内的宝宝会出现哭闹不安、蹬腿、面色发红、肚子时常发出咕噜声响等症状。

◆ 3月龄后的宝宝多表现为放屁多、放屁臭、爱哭闹、黏人等。宝宝如果比较大了，会表达自己肚子难受，同时可能伴有放屁多、放屁很响、放屁臭、总打嗝等症状。

肠胀气并非肠绞痛

很多人以为宝宝哭闹就是肠绞痛，但实际上，肠胀气只是肠绞痛的原因之一。虽然两者都可能引起宝宝烦躁哭闹、不好好睡觉等，但不能一概论之。

两者之间的区别在于，宝宝可能发生肠胀气，但不一定会有腹部疼痛感，而肠绞痛常常是在夜间加重。

新生儿肠胀气的"元凶"

- ☐ 宝宝消化系统发育不完善，肠道蠕动不协调，这是最常见的原因。

- ☐ 进食太急、喂养方式不当，导致宝宝吞下的空气过多。

- ☐ 宝宝对牛奶蛋白过敏。

- ☐ 患有其他疾病时，往往伴有发热、咳嗽、呕吐、腹泻等症状。

怎样预防和缓解肠胀气

◆ 让宝宝仰卧，给他做排气操或者轻轻地抓着宝宝的腿做自行车蹬腿运动。

◆ 冲泡奶粉时，不要用力上下摇晃奶瓶，可用手左右搓旋奶瓶或用干净勺子搅拌的方式，使奶粉完全溶解。

◆ 不要喂过多易产气的食物，添加辅食要一样一样来。

◆ 喂奶后可以给宝宝拍嗝，让宝宝保持舒服的体位，或者让宝宝趴卧，协助其顺利排气和排便。

◆ 尽量不要等宝宝很饿了、吵闹时才喂奶，避免宝宝因吃得太急而吸入过多空气。

◆ 如果宝宝吃了某种奶粉，常出现肠胀气的情况，可以咨询儿科医生，看宝宝是否有肠道过敏等问题。

拍嗝

飞机抱

趴卧

■ 参考文献

[3] Periodontal Res.1978 Jul;13(4):382−9;A survey of toothbrushing behaviour in children and young adults.(Rugg−Gunn AJ,Macgregor ID.)

LESSON
雨滴小课堂

Q: 宝宝肠胀气了，怎样可以缓解呢？

A: 父母可以通过按摩来缓解宝宝肠胀气，具体按摩手法如下。

"I"字形按摩

父母右手掌贴放在宝宝腹部上方，向下滑动至脐下，好像写出英文字母"I"。

"L"字形按摩

手掌从宝宝腹部右上方平行滑到腹部左上方，再滑到左下方，好像写出一个倒的字母"L"。

"U"字形按摩

手掌从宝宝腹部右下方往上滑到腹部正中，再滑至左下方，好像在腹部写出一个倒的字母"U"。如此连续的动作，可帮助宝宝排气与放松。可视宝宝的接受程度调节次数。

"冂"字形按摩

此外，也可以照着图示的箭头方向，如手指在走路一般，依序按压宝宝腹部，路径很像一个大的"冂"字，促进宝宝胃肠蠕动。

照顾宝宝不用愁，居家护理有诀窍

宝宝的毛发护理

胎毛 & 胎发

宝宝刚出生时都是带着毛发的，但大部分父母通常会混淆"胎毛"和"胎发"这两个概念。

其实胎毛是新生儿出生后身上的毛发。我们经常能看到宝宝出生后，面部、背部及手臂上部有许多颜色较深的毛发。即使发现宝宝身上的毛发有些浓密，也不要过于担心，随着年龄增长，都会逐渐脱落。

胎发则专指新生儿出生时的头发。每个新生儿出生时或多或少都会有一些胎发，很多父母感到自家宝宝头发稀少、发黄、易脱落，就会开始焦虑，于是就有了剃胎发来刺激毛发生长的传统习俗。

其实宝宝发量多少、发色深浅，与下面几种因素有关。

➡ 遗传

如果父母小时候头发稀少、枯黄，或成年后也是头发少而黄，那么生出的宝宝可能也会这样。这种遗传还表现在发量、头发弯曲度、头发色泽上，父母一方是卷头发，宝宝很有可能也是卷头发；父母发量少，宝宝发量可能也较少。

其实也不用过于担心，日常膳食中保证宝宝有足够的蛋白质摄入，例如多吃鱼、蛋、牛奶等。另外，让宝宝多吃含维生素 C 和 B 族维生素丰富的蔬菜和水果。随着年龄增长，这些头发问题都会得到改善。

➡ 枕秃

从 2～3 月龄开始，几乎每个宝宝都会出现不同程度的枕部头发减少的现象，即大家所说的"枕秃"。

枕秃的原因

☐ 第一次剃头后，胎发的生长速度相对缓慢，父母会感觉宝宝后脑勺没头发了。

☐ 天气热，室内温度高或穿得过多，会造成宝宝因为体热而头部不断出汗，导致头皮发痒，容易睡不安稳，头经常转来转去，摩擦多了就容易枕秃。

☐ 枕头选择不恰当。有的妈妈会买类似决明子的婴儿枕头，宝宝一转头，枕头会发出沙沙的声音，让宝宝睡觉很不安稳。事实上，1 岁以内的宝宝根本不需要枕头。

☐ 长了痱子或者湿疹严重时，会让宝宝有瘙痒感，爱摇头。

首先要说明的是，宝宝的枕秃现象与缺钙并没有任何关系。小宝宝睡觉时头会转来转去是很正常的，所以容易出现枕秃，只要没有其他伴随症状，可以不用特殊处理。

➡ 不注意清洁

有的父母看到宝宝头发稀少就很担心，生怕把宝宝的头发洗没了。

其实，宝宝新陈代谢旺盛，头皮油脂分泌得多，不洗头或少洗头反而会让其头皮受到油脂和汗液刺激，造成头皮感染，影响头发生长。

父母要定期给宝宝洗头，最好夏季每 1～2 天洗 1 次，冬季每 3～4 天洗 1 次。

用宝宝专用的洗发液，有规律地轻轻按摩刺激其头皮，可以促进头发生长。

　　有些父母认为多搓头皮、用生姜擦头皮、剃光头等方法可以刺激宝宝头发生长。这些方法刺激性大，容易造成宝宝皮肤感染或者不适，反而对其头发生长不利，不可取。

提示

　　一般头发黄、稀少、干枯的情况，随着宝宝年龄增长都会改善。只要宝宝发育指标都是正常的，一般来说，2岁后，头发会越长越浓密。

注意头发清洁

保证营养均衡

勿听信偏方

耐心等待宝宝发育成长

雨滴医生育儿百科

Section 09 宝宝的皮肤护理

 新生儿常见的皮肤问题

➡ 生理性红斑

很多父母都会发现新生儿出生头几天，头面部和躯干突然出现形状不一、大小不等、颜色鲜红、全身分布的红斑，这些红斑通常不会让宝宝感觉不适，过一段时间就消失了。这些红斑被称为新生儿生理性红斑。

新生儿出现皮肤红斑的原因，目前医学上还不能完全解释清楚。但有些学者认为是新生儿出生后受到与子宫内不同光照、空气、湿度及温度影响而导致的一种机体反应。这种红斑对宝宝的身体并没有什么危害，也不具备传染性，一般不需要特殊处理，待它自行消退即可。

➡ 脂溢性皮炎

出生后 2～10 周的宝宝可能会在头面部、眉部出现油腻性结痂。有的宝宝则会长在头皮上，像盖了一个黄色锅盖。这可能是脂溢性皮炎造成的。母体激素水平影响，使宝宝出生后皮脂腺分泌旺盛，诱使马拉色菌感染导致的。随着宝宝体内激素水平下降，症状会逐渐消失，不会反复。

可用茶油或润肤油涂抹于痂皮上，等半个小时，痂皮软化后，用棉签清理掉，再洗头即可。情况严重的可以在医生指导下涂抹弱效激素药膏，如复方咪康唑软膏。

➡ 新生儿痤疮

新生儿出生 2 周至 3 个月内可能出现像"痘痘"一样的皮损，严重者有粉刺。有部分宝宝 2 岁后会出现儿童期痤疮，一般男宝宝多见，主要是因为宝宝从母体携带来的雄激素过多，促使皮脂腺分泌旺盛。轻者会自行消退，无需治疗，每天用清水清洗即可。严重者可在医生指导下用 2% 酮康唑软膏涂抹。长炎症性痤疮的患儿可用红霉素治疗，建议先咨询医生。

➡ 新生儿粟丘疹

约 40% 的新生儿出生后会在鼻子、前额、面颊出现白色丘疹，即新生儿粟丘疹，无红晕基底，多在数周内消退，无需治疗。

➡ 胎记

新生儿出生后在皮肤或黏膜部位会出现一些与皮肤颜色不同的斑块或丘疹，如大部分新生儿屁股后的青色斑块，也称为胎记、色素斑。

胎记大多会长在宝宝的腰臀部、胸背部及四肢，一般以青色或青灰色的斑块为主，但是也有类似于红色、咖啡色等其他颜色的斑块。新生儿胎记发生率较高，但大部分都可随着孩子的成长而淡化或消失。如果认为胎记对颜值有影响，可咨询皮肤科医生是否可以通过激光等医美方式治疗。

> **雨滴有话说**
>
> 除了生理性红斑和对身体无害的胎记以外，有些斑块是身体器官异常的表现。当父母发现孩子的身上斑块不断增大且性质发生改变时，需及时带其就医治疗。

尿布疹

在门诊中，关于宝宝皮肤护理的问题，"红屁股"是父母关注最多的。红屁股就是临床上常说的尿布疹，主要是尿布区域皮肤长时间受尿液及粪便刺激、尿布过敏和其他原因导致的皮炎。

尿布疹主要分为以下 4 类：

1. 过敏性尿布疹：停止接触过敏原，用激素类药膏治疗受损皮肤，再涂抹足量保湿霜即可。如果宝宝瘙痒感强烈，可在医生指导下给予抗过敏药。

2. 刺激性尿布疹：这是最常见的尿布疹，主要是因粪尿清理不及时所致。此时需尽量让宝宝的皮肤保持干燥，白天少穿纸尿裤，让皮疹区多暴露在空气中，有利于尽快改善症状。另外，在皮疹区域涂上厚厚的一层护臀膏，可起到隔离、保护的作用。如果尿布疹比较严重，应在医生指导下使用氢化可的松等弱效激素类药膏。

3. 真菌性尿布疹：常由普通尿布疹护理不当诱发。皮肤皱褶处会产生白泡，上面可能有鳞屑。治疗上建议使用抗真菌药物，比如酮康唑软膏。

4. 细菌性尿布疹：是因金黄色葡萄球菌和溶血性链球菌感染引起的尿布疹，建议在医生指导下使用百多邦药膏。情况比较严重时，建议在医生指导下先涂抹激素类药膏，之后再涂抗生素药膏，最后涂护臀膏。

如何识别尿布疹

症状   病因

皮肤发红
皮肤剥落
有皮损、皮炎
皮肤过敏

处于封闭的环境
经常摩擦
尿液、大便长时间刺激
细菌感染

LESSON

雨滴小课堂

Q: 宝宝为什么反复出现尿布疹？

A: 宝宝尿布疹频发，主要有以下几点原因：

1. 大便之后没有及时给他更换纸尿裤或尿布，容易复发 。

2. 宝宝持续解稀便或腹泻，大便、尿液持续刺激皮肤。

3. 宝宝对纸尿裤或尿布中的某些成分过敏。没有去除过敏原，皮疹也会持续或反复发作。

Q: 大便之后能不能用湿巾擦拭屁股？

A: 在家最好用温水洗净，这是最便宜、最安全有效的清洁方式。在外面不得已采用湿巾擦拭时，尽量选择正规品牌、无香味、无刺激性的婴儿专用湿巾产品。

Q: 怎样预防尿布疹？

A: 掌握正确的护理方法，勤更换纸尿裤或尿布是防治尿布疹的关键。

1. 每次宝宝解完大便，用温水给他洗净屁股，然后用柔软的干毛巾吸干水分。

2. 勤换纸尿裤，每 2～4 个小时换 1 次。如果是尿布，应该在每次大小便之后马上清洗、晾晒。

3. 选择透气性强且正规的、有品牌保障的纸尿裤。

4. 穿戴纸尿裤时切忌包裹得太紧。夏天或者温度适宜且在家时，可脱掉纸尿裤，让宝宝的小屁屁多晒晒太阳。

Q: 什么情况下需要去医院就诊？

A: 出现以下情况需要及时就医：

1. 在家护理 3 ～ 4 天，皮肤症状仍未见好转或加重，皮疹破溃出血，出现水疱或脓疱等感染症状。

2. 宝宝伴有发热、拒奶、精神萎靡、持续哭闹等其他表现。

Q: 涂护臀膏预防红屁股，可靠吗？该怎么选择？

A: 护臀膏的主要成分要么是氧化锌，要么是凡士林，或者两种成分都有。

只要不含有香料、防腐剂、樟脑、硼酸等刺激性物质，都是可以选择的，但尽量选择正规厂家的产品。最好不要用乳剂，质地太稀薄，保护效果极差。

需要注意的是，护臀膏不能治疗尿布疹，但是可以起到预防尿布疹和保护皮肤的作用。另外，涂抹时要涂厚厚一层。

➡ 湿疹

在门诊中，湿疹是父母咨询最多的问题，像"我家宝宝的湿疹总是反反复复，时好时坏，该怎么办"之类的问题尤其多。

◆ 湿疹有哪些特征

湿疹是婴幼儿时期常见的皮肤病，一般多见于 2 岁以内的宝宝。

湿疹的主要特征是慢性、长期性的皮肤干燥，瘙痒且容易反复发作。湿疹有时会瘙痒难耐，严重影响宝宝的生活质量。

湿疹通常长在宝宝脸蛋的两侧、脖子、眉间、头皮等部位，严重时躯干和四肢也会出现。用手指触摸干燥皮肤时，会摸到白色的小疙瘩，仿佛在触摸砂纸。

◆ 湿疹宝宝的护理

1. 提倡母乳喂养，逐步添加辅食，每次添加 1 种，看宝宝是否有过敏、起皮疹等情况。观察 3 天左右，没有异常再添加新的品种。

2. 衣服尽量选纯棉的，生活用品也是。家里尽量不放毛绒玩具。不要给宝宝穿太多衣服，穿得过多，皮肤过热而出汗，更容易诱发湿疹。

> **提示**
>
> 这里要强调一个问题，湿疹宝宝和哺乳期妈妈不要盲目忌口。很多人认为湿疹是过敏引起的，也有人会说哺乳期妈妈不能吃蛋和牛奶等，这些观点并不科学。完全回避宝宝可能引起过敏的食物，并不能完全有效地预防湿疹的发生。长期忌口，还可能引发营养不良。

3. 居室环境保持通风、透气，室温保持在 22 ~ 26℃，湿度保持在 55% 左右。

4. 给宝宝洗澡的水温控制在 32 ~ 38℃；时间控制在 5 ~ 10 分钟，尽量不要超过 15 分钟。

5. 洗完澡 5 分钟内，给宝宝涂好保湿霜或保湿液，需要长期坚持、规律使用，至少每天涂 2 次。

6. 轻度湿疹者，可以外涂低敏性保湿润肤霜。如宝宝只是皮肤有点发红、脱皮，只要一天外用多次保湿霜以保持皮肤的水润状态，湿疹就会慢慢消退。

护肤品　　香皂　　热水　　温水

◆ 怎么选择湿疹药膏

对于中重度湿疹，临床上首选外用激素类药膏。可有些父母在网络上一检索"激素""湿疹"，则会出现不少"不要使用激素""容易有依赖性""会导致性早熟""影响生长发育"等信息，导致他们都不敢给孩子使用。

其实，在医生指导下合理使用外用激素类药膏，并没有上述副作用。只有长期大剂量滥用、不合理口服或者注射激素，才会导致内分泌失调而影响发育。

有些妈妈反映宝宝短期内使用激素类药膏，会出现皮肤变薄和色素沉着的现象。但本身在恢复期的皮肤也会有皮肤色素的改变，不一定是使用激素类药膏引起的，一般过一段时间就会自然消退。

市面上的激素类药膏琳琅满目，什么药膏才适合孩子？我给大家列了一张表格，仅供参考。表格中 1 ～ 3 级是强效外用激素类药膏，7 级是最弱效外用激素类药膏。一般不建议孩子使用 1 ～ 4 级的。

市面上常见的 1% 氢化可的松就是 7 级外用激素类药膏，效果最弱。

外用激素类药膏的强度等级	
超强效（第1级）	0.05%二丙酸倍他米松（增强剂）－软膏 0.05%氯倍他索－乳膏和软膏
强效（第2级）	0.1%糠酸莫米松－软膏 0.05%二丙酸倍他米松－软膏 0.05%氟轻松－乳膏和软膏
强效（第3级）	0.05%二丙酸倍他米松－乳膏 0.005%丙酸氟替卡松－软膏 0.1%戊酸倍他米松－软膏
中效（第4级）	0.1%糠酸莫米松－乳膏/洗液 0.025%氟轻松－软膏 0.1%曲安奈德－乳膏
弱中效（第5级）	0.1%丁酸氢化可的松－软膏 0.05%丙酸氟替卡松－乳膏 0.1%戊酸倍他米松－乳膏 0.025%氟轻松－乳膏
弱效（第6级）	0.05%二丙酸阿氯米松－乳膏和软膏 0.05%地奈德－乳膏
最弱效（第7级）	氢化可的松或曲酸氢化可的松－乳膏和软膏

- 地奈德乳膏（力言卓）是6级弱效，表格中这两种药使用起来是安全的，建议先从这两种选用。
- 丁酸氢化可的松乳膏（尤卓尔）是5级弱中效，适应证为脂溢性皮炎、过敏性湿疹及其他皮炎等。
- 糠酸莫米松乳膏（艾洛松）是4级中效。

◆ 乳膏和软膏有什么区别

乳膏中含有 20%～50%水分，容易涂抹，但效果比软膏差。软膏保湿性、密闭性效果好，但比较黏稠，抹上之后油乎乎的，不建议涂抹在毛发区域。

使用激素类药膏的注意事项如下：

1. 治疗时优先选用弱效药膏，除非情况严重。

2. 激素类药膏药效持续时间比较长，一天只需涂抹 1～2 次。涂抹面积不要超过全身体表面积的 1/3。涂抹太多次或面积过大，并不会明显增加疗效，还可能出现不良反应。

3. 使用时间以 5～7 天为宜，如果超过 7 天仍没好转，要及时找医生调整药物。

4. 如果有非常严重的皮炎，在医生指导下，2 周之内可以使用强效激素类软膏，每天 1 次即可。

5. 同时使用 2 种以上激素类药膏，需间隔半个小时以上。

6. 要注意，湿疹症状明显好转一点就停用外用药膏的做法，很容易造成湿疹反复。在湿疹症状消失后，建议改为隔天涂且用药 1 周以防复发；如果湿疹严重，可以根据病情改成隔 1 天、隔 2 天涂药，逐渐延长用药间隔再停药。

如果湿疹部位有渗水，合并细菌或者真菌感染，应联合使用百多邦软膏、派瑞松软膏（曲安奈德益康唑乳膏）等治疗真菌感染。

瘙痒严重时，可以适量口服二代抗组胺药物，如氯雷他定、盐酸西替利嗪以缓解症状。

◆ 为什么现在都不用扑尔敏（氯苯那敏）和赛庚啶

扑尔敏、赛庚啶是一代抗组胺药物，止痒、止流涕的效果强些，但是有乏力、嗜睡等不良反应。为了避免这些不良作用，现在临床多使用二代抗组胺药物，它的药效持续时间长，一天只要服用 1 次，剂型和口感相对好些，孩子比较愿意服用。

➡️ 痱子

每到夏天，很多胖宝宝的妈妈就心烦，因为天气一热，宝宝的脖子、额头、后背都会出现红红的痱子。由于痱子又痒又刺痛，孩子总是忍不住用小手去抓挠，抓破身上很多地方，就像一只小花猫，怪可怜的。

◆ 为什么宝宝容易长痱子

天气热，出汗多，皮肤表面的角质层在汗液的浸渍下容易堵塞毛孔，导致汗腺导管内压力增高而发生破裂，这时汗液渗入并刺激皮肤周围组织，就会引起痱子。

另外，宝宝正处于快速的生长发育阶段，新陈代谢旺盛，出汗多；加上其本身皮肤含水量较大，皮肤表层微血管丰富，更容易加重出汗的情况。因此，宝宝比成人更容易长痱子，胖宝宝更为严重。

◆ 痱子有哪些类型

晶痱：皮肤表面有露珠般的小水疱，周围皮肤不红，宝宝没有不适感。一旦环境温度降下去，水疱迅速干瘪，脱去一层细细的鳞屑就痊愈了。

红痱：最常见的类型，宝宝颈部及前胸，特别是皮肤皱褶处长出密密的红色小疹子，摸上去像粗粗的砂纸；有的还有水疱，宝宝有痒感、刺痛感。

脓痱：皮肤表面的金黄色葡萄球菌过度繁殖，从而产生针尖样的脓疱，也就是脓痱，较少见。

◆ 如何正确护理宝宝的痱子

1. 让宝宝尽量待在凉爽的环境中，室温控制在 25～27℃ 是比较合适的。必要时开空调，要穿棉质衣服，保持皮肤干爽，痱子就会慢慢消失。不要带宝宝在夏天的中午，或者高温、高湿的环境下玩耍。

2. 剪短宝宝的指甲，避免其抓破皮肤而引起感染。

3. 症状较轻时可选择炉甘石洗剂涂抹，起收敛止痒的作用。

4. 痒感严重时，可以用毛巾包裹冰袋放置在痱子区域冰敷止痒，一次时间不要超过 5 分钟，以免冻伤皮肤。

5. 有脓痱的，可以使用红霉素软膏或百多邦软膏涂抹，有助于痱子的消退。

6. 痒感严重时，可以在医生指导下口服氯雷他定或者西替利嗪滴剂，或者使用氢化可的松软膏等弱效激素类药膏涂抹皮肤。

7. 天气炎热时，一天可以给宝宝洗两三次澡，每次用温水快速冲洗一遍即可。洗澡后要注意擦干脖子、腋下、大腿根部等皮肤皱褶处。洗浴时用柔软的毛巾轻轻擦拭皮肤，帮助汗腺恢复通畅。

◆ 护理痱子的注意事项

1. 痱子粉的主要成分是滑石粉、玉米粉等，使用时有可能被宝宝吸入肺里，不建议使用。最重要的是痱子粉吸汗后会结成块，堵塞毛孔，影响汗液排出，反而不利于痱子消退。

2. 不建议在洗澡水里加花露水、十滴水、藿香正气水等看似"清凉"的产品，它们里面往往含有刺激性成分，比如酒精、樟脑等，不仅不能预防和缓解痱子，反而可能刺激皮肤，让宝宝更加不适。

3. 涂上护肤霜或保湿霜后，可能会导致排汗困难，所以也不推荐使用。

痱子与湿疹的区别

痱 子

像针尖、针头大小的水疱，有红晕

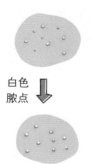

白色
脓点

湿 疹

大小不等的红色丘疹或斑疹融合成片

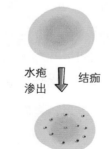

水疱
渗出　　结痂

Q： 为什么宝宝皮肤更容易受伤害？

A： 宝宝皮肤屏障尚未发育完善，更易吸收各种毒素，所以宝宝使用的霜剂中最好不要含香精，防腐剂等添加物也要越少越好。

另外，宝宝皮肤表皮和真皮层的间隙更大，表皮细胞的数量比成人少20％～30％，皮脂分泌较少，皮肤较脆弱，更容易流失水分。

保湿是孩子护肤的关键。特别是敏感肌肤的护理，保湿工作不可或缺。

Q： 如何挑选和验证合格的婴儿护肤品？

A： 香精是导致皮肤过敏最常见的原因。

皮肤敏感的宝宝，最好还是避免使用有香精的产品。比如欧盟 Health and Consumers Scientific Committees 列出的 13 种容易导致过敏的化妆品香料过敏原成分：戊基肉桂醛、戊基肉桂醇、苯甲醇、水杨酸苄酯、肉桂醇、肉桂醛、柠檬醛、香豆素、丁香酚、香叶醇、羟基香茅醛、羟基异己基 3– 环己烯甲醛（HICC）、异丁香酚。

有的婴儿专用护肤霜成分里虽然不含香精，但为了更好闻，可能添加有香味的植物萃取物，也有可能导致敏感宝宝过敏。

当然，皮肤健康的宝宝，选择有点香味的护肤产品是没问题的。

Q: 防腐剂对宝宝皮肤也有刺激性？

A: 皮肤敏感的宝宝尽量少用含苯甲酸钠、尼泊金酯类（羟基苯甲酸甲酯、对羟基苯甲酸乙酯、对羟基苯甲酸丙酯、对羟基苯甲酸丁酯）、苯氧乙醇、丙炔醇丁基氨甲酸酯的产品，特别是避免欧盟提出的甲醛释放体防腐剂、甲基异噻唑啉酮和甲基氯异噻唑啉酮的混合物等防腐剂。

除此之外，酒精成分中的乙醇对皮肤也有刺激性，色素、重金属成分也会引起过敏。

市面上的婴儿面霜，除了有妆字号，还有械字号、消字号，主要是功效、定位不同。

除非是特殊需要，否则最好选择妆字号婴儿面霜。对于常见婴儿面霜，在正规渠道购买时，实物上应有"X 妆准字 XXXX"等标示。

千万不要迷信某些产品所说的纯天然、草本无激素等宣传。只要是号称能够治疗湿疹，效果特别好、特别快的产品都不建议购买。

Q: 如何检验是否为合格面霜产品？

A: 除了看外部包装，登录国家药品监督管理局的官网下载国家药品监督管理局出品的"化妆品监管"App，就可以查到该产品的备案号、生产许可号、成分、详细的企业和产品包装等所有关键信息。

国外进口的面霜品牌属于"进口非特殊化妆品"范畴，也可以在网站、包装上找到相应备案号和成分等信息。

对于网购产品，除了要咨询店家，也要多看看网上评价如何。

睡出完美头形

扁头

现代的年轻妈妈总说要给宝宝睡出一个好头形，其实就是给宝宝睡出一个圆圆的后脑勺。但是和现在的审美不同，曾经"睡扁头"的习俗是导致不少"80后""90后"人群后脑勺扁平的主要原因。

睡扁头和睡圆头，大概是两代人育儿观念的又一大争执。有的老人觉得扁头形好看，有的父母为了给宝宝睡扁头，甚至在宝宝头下放上书当枕头。但年轻人觉得圆润的头形才是最好看、最科学的。那么，究竟什么头形比较好呢？

正常来说，健康宝宝的头部应该是一个圆形。出生时（顺产）因为产道的挤压，会导致宝宝的头被挤得又长又尖；但是经过一段时间的自我恢复，只要不刻意给宝宝睡扁头，大多数宝宝的脑袋都会形成圆溜溜的头形。

扁头　　　　圆润漂亮的头形

➡ 扁头的影响

为了避免婴儿猝死综合征，出生3个月内的宝宝不能用枕头，只能取仰卧睡姿。长期单一的仰睡睡姿，加上宝宝头骨很柔软，很容易就会将后脑勺睡扁了，形成扁头或者歪头。

严格来说，头形是扁还是圆，对宝宝的脑部发育没有太大影响，主要影响在于宝宝之后的"颜值"。

还有一种影响"颜值"的头形称为偏头。顾名思义，扁头是把后脑勺睡得很扁，偏头就是把头形睡偏了。

建议睡姿：**右侧睡**

原理：头部右侧受力，头骨组织
　　　自然向左偏移

建议睡姿：**左侧睡**

原理：头部左侧受力，头骨组织
　　　自然向右偏移

➡ 纠正偏头的方法

宝宝 3 个月之前，头骨较软，可塑性强。父母应抓住这个时期，给宝宝的头形做一些调整。

◆ **经常改变宝宝的睡姿**

宝宝经常朝着一个方向睡，就很容易变成扁头或者偏头。父母可以在他睡着后每隔一段时间帮他调整头部的方向。

◆ 利用毛巾之类的物品让宝宝调换方向

在宝宝偏头的那一个方向的脑袋边垫上柔软的厚毛巾，宝宝在转头时就会因为遮挡物而自然转向另一边。但需要注意的是，要随时注意遮挡物有没有将其口鼻遮住。

◆ 经常转换喂奶姿势

妈妈在躺着喂奶的时候，需要注意多往宝宝没有偏头的那一侧方向喂奶。

◆ 减少宝宝后脑勺的受压时间

宝宝清醒时，不要让他总躺着，可让他多趴着或者抱起来玩玩，减少后脑勺的受压时间。

如何预防婴儿猝死

在美国，每年约发生 3500 例与睡眠相关的婴儿死亡案例，包括婴儿猝死综合征、意外窒息等。同样，这些也是中国 5 岁以内儿童，尤其是婴儿死亡的主要原因。

安全的睡眠姿势

美国儿科学会指出，为了减少婴儿猝死综合征的发生，1 岁以前的宝宝应该采取仰卧位的睡姿。特别是 4 月龄以内的宝宝，颈部肌肉未发育好，不会抬头翻身，趴睡时一不小心就容易把嘴巴、鼻子堵住，所以宝宝不会翻身之前都禁止趴睡。等他会自主翻身，可以相对自由转变睡姿，就不用每次特意在趴睡时帮他翻过来。

注意 趴睡的危害

① 增加婴儿猝死综合征的风险。

② 增加婴儿再次吸入其呼出废气的风险，久之甚至可能导致高碳酸血症和缺氧。

③ 改变婴儿心血管系统的自主控制，特别是 2～3 月龄时，可能导致婴儿脑部缺氧。

另有研究显示，侧卧位睡姿发生意外风险的概率比俯卧位睡姿更高，特别是侧卧状态下婴儿的胃部受到压迫时。

提示

　　侧卧位睡姿是不稳定的。相关研究表明，一个婴儿从侧卧位转变成俯卧位的概率明显大于从侧卧位转变成仰卧位的概率。

看到这里，很多父母可能想问："宝宝吐奶严重时可以侧着睡吗？"侧卧位睡姿不会增加宝宝窒息及误吸的风险，父母在场的情况下，可以让宝宝侧卧。

宝宝没必要使用枕头

正常成年人有一个向前凸的颈椎曲度，因此，躺下后，颈部和床水平面之间会有一个空隙。用枕头可以填上这个间隙，以保护颈椎正常的生理弯曲，使颈部肌肉放松，让劳累一天的我们在睡眠中得到充分休息。

但宝宝和我们不一样。从出生开始的3个月内，他的颈椎是没有生理曲度的，是稍直且向后弯曲的，有点像"C"形，所以用了枕头反而会不舒服。

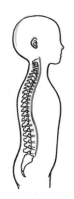

宝宝脊柱　　　成人脊柱

美国儿科学会推荐宝宝在出生 12 个月后再使用枕头。为了防止宝宝出现窒息危险，不建议在婴儿床上放枕头。

关于宝宝什么时候用枕头，说法有很多。每个宝宝的生长发育情况都不太一样，不可一概而论，顺其自然就好。

如果宝宝睡觉时总是出汗，可以把吸汗巾或是棉质毛巾折叠起来，放在宝宝颈背部。

➡ 如何给宝宝选择枕头

枕头事小，安全事大。给宝宝选枕头的大原则是合适的高度、合理的长宽、软硬适中及面料舒适、填充料安全。

◆ 合适的高度

标准有二：第一，宝宝枕后，头和身体能在同一水平面；第二，宝宝侧卧时，双眼的连线能与床水平面垂直。

枕头不合适对宝宝的影响

☐ **枕头太高**：颈部过度弯曲，短期内易导致宝宝呼吸不畅，且呼吸费力；长远来看，宝宝可能会出现驼背、斜肩等。

☐ **枕头过低**：起不到支撑颈椎的作用，头部过度后仰或歪斜，颈部肌肉处于持续紧张的状态而得不到充分休息。

☐ **及时更换**：总体上需要根据孩子的生长发育情况来调整，只要孩子睡着不舒服，就需要及时更换枕头了。

1岁以上的宝宝适合使用高3cm左右的枕头，到了七八岁则可以选择高6～9cm的枕头了。

◆ 合适的长宽

随着宝宝生长发育的变化，枕头的长度也要随之改变。枕头的宽度应该和宝宝的头长差不多，而长度则需要大于宝宝两肩的宽度。

◆ 软硬适中

枕头过于松软，可能增加窒息的风险；枕头过硬，长期使用又可能会使颅骨、脸部变形。合适的枕头要贴合颈部生理弯曲，不能过于柔软，要有一定的回弹力和支撑效果。

◆ 面料舒适，填充料安全

枕套、枕芯的面料要舒适，以不会引起宝宝过敏为佳。现在很多父母喜欢给宝宝购买乳胶床品，如果制作标准合格，软硬度及宽高度都能符合孩子的要求，且不会引起过敏，就可以考虑购买使用。

> **提示**
>
> 宝宝新陈代谢旺盛，出汗多，枕头等床上用品需要经常清洗和晾晒。

Section 11 便便那些事

宝宝大便是绿色的，怎么办？宝宝的大便里有尚未消化的食物，怎么办？宝宝好几天没有解大便了，怎么办？

观察宝宝大便是妈妈每天都会做的一件事情。看起来不太雅观的东西，却是可以反映宝宝身体健康状况的"晴雨伞"。

宝宝大便的情况

➡ 正常的大便

	大便颜色	大便形状	大便气味	大便次数
初生宝宝	墨绿色	稀糊状	不臭	出生2~3天就会排完
母乳喂养的宝宝	黄色、金黄色、绿色、青色、褐色	软膏样软硬均匀	略酸或无明显气味	通常每天2~4次，有的多达7~8次，也有可能3~10天才解1次
吃配方奶粉或混合喂养的宝宝	淡黄色或土灰色	较硬偶有奶瓣	略有臭味	通常每天1~2次
添加辅食后的宝宝	颜色多变与辅食种类相关	与成人大便类似成形	有臭味	排便有规律性

➡ 异常的大便

◆ 蛋花样大便：一般出现在病毒感染或者由大肠杆菌引起的肠炎。因常见于秋季，以解蛋花样大便为主的腹泻又称为秋季腹泻。

◆ 奶瓣样大便：奶瓣主要是一些没有完全消化的蛋白质，多见于出生后 3 个月内的宝宝。大便偶尔出现奶瓣样，且次数没有突然增多，就没有太大问题，以观察为主。

◆ 黏液样大便：一般作为炎症感染引起的肠道疾病的症状之一，常常伴有明显的臭味，一天大便次数一般在 5 次以上，需要及时就医。

◆ 血丝便或者血便：和肠套叠、肛裂、便秘等都有直接关系，特别需要注意的是，对牛奶蛋白过敏引起的血丝便比较容易被忽略，需要及时就医。

◆ 水样大便：多见于感冒、细菌性感染、服用抗生素等情况，需要及时就医。

◆ 绿色大便：有 4 种常见原因，第一种是饥饿性腹泻，宝宝没吃饱，肠蠕动过快，就会导致解稀便且量少；第二种是配方奶粉中铁元素含量高，宝宝吸收不全而排出体外时，大便呈黄绿色；第三种是消化不良，口中有臭味、食欲差、较烦躁，吃完就解大便；第四种可能是宝宝腹部受凉，肠蠕动过快，结肠胆绿素来不及转化成胆红素，使大便呈现绿色。一旦有解绿色大便时伴随水样大便或奶瓣样大便，且大便次数增多的情况，就需要及时就医。

◆ 豆腐渣样大便：常见于霉菌引起的肠炎，应及时就医。

◆ 白色大便：也叫白陶土样大便，主要与胆道梗阻有关，需尽快就医。

◆ 泡沫状大便：食物残渣在肠道中产气发酵引起的，主要与消化不良有关；有的是肠道缺乏乳糖酶引起的，排便次数不多者可先观察。

◆ 柏油样大便：上消化道或小肠出血，血液在肠内停留较长，红细胞被破坏后，血红蛋白在肠道内与硫化物结合形成硫化亚铁，使大便黑而发亮，故称为柏油样大便，多见于胃及十二指肠溃疡所致的出血，应尽快就医。

经常有妈妈问到如何判断宝宝排便频率是否正常。父母可以参考下面的内容。

宝宝出生 2～3 个月后，大部分可固定为每天排便 1～2 次。偶有宝宝排便次数比较多，只要大便性状正常，就无需担心。

临床上除了要观察大便性状，还要结合大便次数、症状、体征来判断。如果大便次数突然增多，比如，平时每天排便 2 次，突然增加到 5 次以上，最好到医院检查。但凡宝宝大便出现问题，最好拿个干净容器装好（解在纸尿裤上的大便，送检时一般会被拒收），尽快送到医院检验，这样对医生诊断是何种原因引起的大便问题有很大帮助。

臀纹不对称

臀纹不对称是在婴儿体检过程中经常遇到的问题，是髋关节发育不良（DDH）的早期信号之一。这些信号往往提示宝宝可能存在早期的髋关节发育异常，需要请外科医生进一步检查诊断。

怎么判断宝宝是否有髋关节发育不良

① 长短腿、膝盖的高低

把宝宝双腿并拢伸直，比较其双下肢长短是否一致。并拢屈膝可以比较膝盖的高低是否一致。如果发现腿的长短或膝盖高低不一，建议到外科就诊。

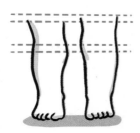

② 双腿外展是否受限

髋关节外展试验是比较正确的检查。正常髋关节可以外展80°～90°，若只能外展40°～50°，就要警惕有髋关节发育不良。

做了这些检查仍然不放心的，可以到医院请医生根据具体情况开出 X 线摄片或者 B 超检查。

一旦确诊，就要及时治疗。越早治疗，方法越简单、有效。有的只需要特殊支具固定下肢，有的只需要石膏固定。

假如没有及时治疗，等宝宝学会走路后因双下肢不等长、承受力量不均匀出现"鸭子步"时，就可能需要手术处理了。

雨滴有话说

B 超检查没有辐射，很安全，很多孕期检查都有这个检查项目。同样，做核磁共振（MRI）也不会产生辐射。而 CT、X 光属于电离辐射，孩子做检查时，采用的是儿童标准的辐射计量，远比成人的剂量小，偶尔做一次并不会影响健康。增强 CT 检查的辐射量会相对大一些。

单纯腿纹不对称，并不代表一定有什么问题，建议父母可以先在家给宝宝自测前述两项检查，如都达标可以先观察；如仍心存疑虑，可以到医院骨外科就诊，必要时选择 X 线摄片检查。不要耽误宝宝的检查治疗，毕竟这些专业临床检查所产生的辐射等影响比疾病带来的危害小得多。

舌系带过短

什么是舌系带过短

舌系带就是舌头正下方那根细长的黏膜组织，通常称为"舌筋"。

舌系带可以将舌头固定在嘴里，也可以引导牙齿长在合适的位置。舌系带过长或过短都会有一定的影响，但舌系带过短的影响较大。

舌系带过短对宝宝的影响

➡ 影响吃奶

母乳喂养时，正确衔乳姿势是宝宝用舌头垫在牙床上吸奶。可是舌系带过短的时候，舌头伸出困难，宝宝只好用牙床直接吸咬妈妈乳头，让妈妈疼痛难忍，久而久之导致妈妈心情难受，泌乳量减少。如此恶性循环，导致很多妈妈放弃母乳喂养。

➡ 影响日后进食和咀嚼

宝宝刚开始学会咀嚼时，舌头通常负责对食物进行搅拌。如果舌系带过短，会导致舌头无法很好地参与到咀嚼活动中来，影响咀嚼能力的锻炼和日后进食。

➡ 影响面部骨骼发育及牙齿咬合

舌系带过短还会造成牙齿间牙缝过大，甚至影响牙齿咬合。如果牙齿发育出现问题，也会导致宝宝颌面部骨骼发育异常等情况。

➡ 影响发音

舌系带过短一般不会影响宝宝说话的早晚，只可能影响一些音节的发音。像需要发"t""d""sh""ch"等音节时，舌头无法抬至上颚或上门齿，这些音节的发音就会受到影响。发现宝宝有"大舌头"的表现时，可先请语言康复师评估是否为舌系带问题再进行治疗。要注意的是，因为地域环境的影响，有的发音也会受到影响，要注意区分。

如何判断宝宝是否有舌系带过短

目前，舌系带过短还没有统一的诊断方法，大家可以通过下面的方法进行简单的区分[4]。

正常　　　　　过短

舌头向前伸时，呈现"W"形、心形或者越过牙齿小于2mm（没办法伸到口腔外面）。

正常　　　　　过短

舌头向上抬时，够不到上牙槽，或者呈"V"形。

对于新生儿，可以看舌头外观。如果舌系带位置接近舌尖，则提示舌系带过短。

宝宝舌系带过短时要剪吗

目前对舌系带过短是否需要剪或什么时候剪比较好，都没有统一的标准。

◆ 对于新生儿

经儿科医生诊断后，在排除其他因素的前提下能确认是舌系带过短导致影响吃母乳的话，建议尽早剪舌系带。一般不需要麻醉，几分钟就可以完成，基本不出血，剪完就能正常吃奶。

对于不影响吃母乳的情况，影响发音的可能性也不是很大，一般建议先观察。随着宝宝的舌头逐渐生长，舌系带过短的问题会逐渐改善。

◆ 对于大一点的孩子

假如出现发音问题，建议先请语言康复师评估孩子的情况，再经医生综合评估。目前有些研究虽提示剪舌系带对改善发音有效果，但这种证据不是很充足，应多方面考虑，真的很有必要时才剪舌系带。

■ 参考文献

[4] 儿科医生孔令凯. 宝宝舌系带过短影响吃奶、说话吗？影响接吻吗？怎么办呢？ [EB/OL].
https://mp.weixin.qq.com/s/i5noOdFGETRVCsc-3_dpmA，2018-01-14

宝宝衣服那点事

相信大家都听说过这句网络俗语，叫"有一种冷，叫奶奶觉得你冷"。虽然能够理解父母的想法——"宝宝还小，怕冻着，多穿几件衣服可以保暖"，但凡事都有一个限度，衣服穿少了会冻着，但是穿多了，对宝宝的健康同样有害。

衣服穿太多，对宝宝健康有害

宝宝呼吸、体温调节中枢尚未发育健全，体表汗腺功能不成熟，对外界环境的适应能力差。持续的高热会加快新陈代谢，增加耗氧量，从而导致宝宝缺氧。而且宝宝长时间处于高热的环境中，会引起大量出汗失水；加上宝宝即使再热也不会抗议和挣扎，就容易导致其缺氧，抽搐昏迷，甚至呼吸、循环衰竭。这就是婴儿捂热综合征。

在感冒发热的时候进行捂热，更加危险。如热量无法及时散发，则体温越捂越高，甚至可以达到 42℃ 以上；若大量出汗，还可能导致脱水，甚至休克。

穿得过多还容易造成皮肤不透气，一旦清洁不及时，还容易出现痱子、湿疹或毛囊炎等皮肤疾病。宝宝本身新陈代谢快，活动时易出汗，这样容易浸湿衣服，增加生病的风险。

如何判断宝宝的冷热

老人常常通过摸宝宝手脚来判断是否给宝宝增添衣服，这种做法其实是错误的。宝宝心脏还小，每次心脏搏动时能到达末梢部位的血液有限，所以通常宝宝的小手与小脚摸起来都是凉凉的。

摸摸这里

要想正确判断宝宝的冷热情况，可以摸摸其脖子后面。如果摸着是温热的，说明穿得正好；如果过凉或过热，则需要及时增减衣物。

具体应该怎么穿

无论开暖气还是空调，秋冬季室温保持在 25℃左右比较适宜。宝宝满地打滚乱跑，只要穿保暖内衣即可。宝宝一直坐着不怎么运动，可以再加一件小外套。外出时可以适当增添衣服，最好将秋衣扎进裤子里。总之，宝宝的手脚、肚子一定要注意保暖。

◆ 宝宝未满月时：在室内要比成人多穿一件。

◆ 2～3 月龄宝宝：在室内可以和成人穿同样多的衣服，室外多穿一件衣服。

◆ 1 岁以内的宝宝：在室内可以比成人少穿一件，在室外穿得和成人一样，注意腹部的保暖。

◆ 1 岁以上的宝宝：此时宝宝的体温调节能力基本等同于成人，可以参照成人的穿衣。

在这里向大家推荐一种"洋葱穿衣法"，这种穿衣方法能够方便根据天气和气温随时给宝宝增减衣物。

洋葱穿衣法

内层

穿透气、
排汗性能好的衣物

中层

穿保暖效果好的衣物，
如羊毛衫等

外层

套上防水、防风、
透气的外套或卫衣等

雨滴有话说

　　古语云："若要小儿安，三分饥与寒。"别把宝宝想得那么娇气，适当穿衣有助于锻炼宝宝的抵抗力，这点要多和老人沟通。老人生活的时代与我们不同，因此许多观念不易转变，父母要有耐心地做老人的思想工作。平时可以多采取老人易于接受的方式，帮助其了解科学的育儿知识。

如何清洗宝宝衣服

　　衣服是否干净，对宝宝的健康成长有着较大的影响。影响衣物清洁的因素很多，比如洗衣剂的选择、洗衣的方式、衣物放置的环境等。我们也可以巧妙地使用科学小常识来清洗宝宝的衣物。

　　◆　不要与成人的衣物混洗。成人接触的人群和去过的地点都相对较多，衣服上会有很多不同的细菌。小宝宝本身抵抗力较弱，其衣服与成人的混洗，细菌很容易交叉传染给小宝宝。

◆ 有条件的家庭可以用儿童专用洗衣皂或洗衣液。成人用的洗衣皂对宝宝的皮肤有刺激性，最好购买性质温和、pH 值接近中性，并且清洁与除菌功能二合一的洗衣液。

◆ 宝宝的衣服一定要多换洗几次水，尽量把残留的泡沫洗干净。

◆ 新衣服一定要洗过再穿。有些妈妈觉得新衣服只有些浮尘，泡水、揉搓一下就可以了，不用放洗衣液。其实不然，清水只能溶解一部分新衣服中的甲醛，建议加少量洗衣液，漂洗干净后再晒干。

◆ 宝宝衣服晒干后，要放在干净、不潮湿的地方。不要将宝宝衣服放置在最底层的抽屉，尤其是住一楼的家庭。如果是经常穿的衣服，一定要注意存储环境的通风，防止出现霉菌。另外，脏的衣服和干净的衣服不要放在一起，防止细菌交叉感染，这样才能够保证宝宝穿的衣服是干净的，给他一个安全、洁净的保障。

第 4 章

宝宝生病不要慌
分清病症最重要

常见药物的相关知识

有天下午我接诊了一对 30 岁左右的年轻夫妇，其 1 岁大的宝宝发热 2 天了。当时宝宝一逗就笑，体温 38.9℃，查体可见咽部稍微有点红，其余没有异常。我告知妈妈初步判断是病毒性感冒，如果实在担心，可以给宝宝口服美林降温，回家多给宝宝喝水，注意休息即可。

可是妈妈说宝宝发热必须得吃阿莫西林之类的抗生素，否则会变成肺炎。我说目前情况还好，不需要吃抗生素，但是这位妈妈仍坚持自己的观点，后面见我不愿意开药，她便抱着宝宝气呼呼地走了。

抗生素

➡ "两极分化"严重的父母们

在日常门诊或急诊中，有部分父母经常是"两极分化"：要么经常在医生开药时，提出不要开抗生素和激素类药物；要么提出要用抗生素，病情才会好得快。

根据我多年的工作经验，再结合各种文献报道可以确定，上小学之前的孩子是比较容易生病的，这是其器官或系统发育不完善等因素造成的。5 岁以下的孩子，呼吸道感染的发生率较高，占儿科门诊及急诊就诊量的 60% 以上。

有大量文献报道过，对医院中患急性呼吸道感染而收住院的患儿进行常规病原体检查中，筛查过流感病毒（A 型和 B 型）、呼吸道合胞病毒、鼻病毒等常见呼吸道病毒，结果显示病毒阳性的病例数高达 60%～70%，说明病毒是儿童呼吸道感染性疾病的重要病原体。

假如孩子的上呼吸道感染是病毒引起的，用抗生素治疗，不但不能缓解病情，反而会增加父母的经济负担，或导致孩子对药物过敏等多种问题。

➡ 改变观念更重要

有的父母执拗地认为孩子"一定要'消炎'才能治愈"，加上部分医生盲目地使用，药商、药店营业员、小诊所等市场催化因素的影响，导致我国抗生素滥用的情况随处可见。

目前国家及医学界已经开始重视，在正规医院实施推广各种指南，严格考核、要求抗生素使用率，相信滥用抗生素的情况会逐年好转。

希望大家理性对待医学，不否认抗生素在疾病治疗中的重要作用，也不迷信其"神奇"的功效；同时不要把中医和西医放在对立面，用事实说话，合理、正确的诊疗才是治疗感染性疾病的关键。

在治病过程中，信任是基础。只有相信医生，医患共同努力，才能把疾病彻底治好。

激素

➡ 激素为什么会有副作用

糖皮质激素不是人体自身产生的，而是"引进"到身体的激素。身体需要通过调动极大的能源和动力，才能将"引进"的激素消耗掉，从而使自身出现超负荷的工作状态。这时，就会出现我们常说的"副作用"。

这些副作用都是在长时间、大量使用的情况下才会出现的。短时间内、少量地使用，通常只会产生轻微的局部不良反应，而且大多数不良反应会在停药后几个小时或一段时间内逐渐消失。

➡️ 为什么不能"见好就收"，马上停药

在使用相关药物前，医生都会叮嘱父母要用满多少天后才慢慢减药。但是有些父母害怕使用激素会对宝宝身体造成不好的影响，于是在使用激素类药物后，一旦发现宝宝病情好转，就马上停药。这时往往会造成宝宝病情反复，一直不能痊愈。

提示

如果真的需要长期或者大量、大面积使用糖皮质激素类药物，在减量和撤药时，更要遵循宝宝的身体规律，听从医生指导来调整。

这是因为在为身体"引进"外来的糖皮质激素后，身体内原有的激素会暂时"消极怠工"，主要靠外来的激素工作。如果这个时候突然将"外援"撤掉，体内原有的激素还没来得及适应和激活，就会给病原体留有可乘之机，助其卷土重来。

➡️ 使用激素安不安全

糖皮质类激素药物大多会做成外用药膏或喷剂，局部使用对身体的影响非常小，可以在医生指导下安心使用。比如治疗过敏性鼻炎的布地奈德鼻喷剂，每次用药量大约相当于口服或注射用药量的 1%。用了 100 瓶，药量才相当于 1 片强的松的口服剂量。

但激素的使用还要看用法和用量，使用时请务必遵循医嘱。如果有疑问，建议先和医生沟通。

药品说明书

很多父母在门诊的时候常会抱怨每次给宝宝喂药时不知道给多少。一则怕药物喂多了副作用大，二则怕喂药少了不起作用。虽然每个药盒上或药盒里都有相应的药品说明书，但大段大段的说明性文字看下来，很让人头疼。

◆ 成分：主要介绍药品的组成成分。需要服用多种药物时，首先要查看这些药物中是否有相同成分，特别是复方制剂。如有疑问，要及时咨询医务人员，避免药物摄入过量而导致中毒。

◆ 适应证：主要介绍这个药物适合出现哪些症状的人服用。在服用前要先看清楚该药是否对应孩子目前出现的症状，以免出现因为包装相似而喂错药的情况。

◆ 确认好用法、用量：除非医生有特殊交代，否则切不可随意增减药量，以免影响疗效。

◆ 注意事项：主要说明身体有特殊情况下服用该类药物时需要注意的事项。例如一些药品说明书里会特别提示肝、肾或心脏功能异常者慎用，父母需要注意。

◆ 不良反应：一般是指在服药后正常的药物治疗环节中，发生与治疗目的不相关的不良反应。可能有腹泻、呕吐、起疹等症状，但非处方药出现的不良反应较少，无需过分担心。如果宝宝服药期间出现了不良反应，则需要及时就医。

◆ 儿童用药剂量的换算方法：不论是各种育儿书上还是网络上，都有很多儿童用药剂量的计算方法，但是记多了容易混淆。在这里，只介绍如何根据孩子体重计算用药剂量。

①孩子的每 kg 体重剂量：每 kg 每天（或每次）用药量 ÷ 孩子体重（kg）

如口服氨苄西林，剂量标明为每天每 kg 体重 20 ～ 80mg，分 4 次服用。如孩子体重为 15kg，可以根据病情选用 20mg，20mg×15kg ＝ 300mg，分成 4 次，即每次 75mg。

②如果不知道孩子的体重，可按下列公式计算：

0 ～ 6 月龄宝宝体重（kg）：出生体重（kg）＋月龄 ×0.7

7 ～ 12 月龄宝宝体重（kg）:6(kg) ＋月龄 ×0.25

如所得结果不是整数，为便于服药，可稍作调整，再计算每 kg 体重的剂量。

用体重计算年长孩子的用药剂量时，为避免剂量过大，应选用药物剂量的下限用量。反之，对婴幼儿可选择剂量的上限，以防药量偏低[5]。

如何选择药店

◆ 选择正规、连锁的药店。

◆ 正规、合格的药房环境整洁明亮，药品分类清晰。

◆ 执业药师在岗衣着干净整齐，胸牌明示。

◆ 药房工作人员谈吐专业，推荐药物之前会问详细病史，待患者买药后会交代其注意事项。不盲目推销，更不会夸大药品作用，不随便买赠药品。

如何买到合适的药物

◆ 父母主动提供孩子的信息，比如孩子的发病原因、年龄、过敏史、疾病诊断等。

◆ 首选大品牌，比如退热药首选美林、泰诺林。

◆ 仔细核对药物成分，看清楚药物成分，不要因为商品名类似而买错。

◆ 选择"国药准字"药品，避开"消""健"字号。

◆ 注意查看保质期。

◆ 买药不能只看商品名（牌子），通用名及成分也要核对清楚。

宝宝生病不要慌，分清病症最重要

参考文献

[5] 丁香园论坛版主 wangshuping. 儿童用药剂量的计算方法 [EB/OL].http://yao.dxy.cn/article/107205，2017−08−21

带宝宝看病的几点建议

医患对话中的问题

随着互联网和移动网络的普及，越来越多的人参与到网络问诊中。这种足不出户便可以找到专家咨询的模式，在某种程度上解决了很多人在育儿方面的困惑，避免了求助无门或者一直要带宝宝上医院等问题。因节省时间及金钱，颇受年轻人的欢迎。

但网络看病与现实中面诊有巨大差异，医生在门诊中看病需要"望、闻、问、切"，加上必要的临床辅助检查，加上双方及时沟通，才能进行诊治。网络问诊依赖的是患者自己对病情的描述和图片资料，如果患者叙述自身情况和病情不够具体，医生得不到想要的信息，便无法给出正确建议，很难达到双方满意的效果。

即便是在门诊中，也会经常有父母说不清楚宝宝情况的时候。医患交流过程既费力，也容易影响医生对宝宝病情的判断，容易耽误宝宝接受诊治的时间。

如何用正确的方法咨询医生

➡️ **首先向医生说明宝宝的基本情况**

不管是线上咨询还是当面问诊，首先要与医生说明宝宝目前的生长发育情况，如年龄、性别、体重、身高、喂养情况及睡眠情况等。

➡️ 问诊前先了解一下宝宝疾病情况

父母对宝宝的病情稍有了解，可以减少与医生交流的时间，能让医生第一时间掌握宝宝的情况。例如当你想咨询宝宝生长发育的问题，在问诊前先把相关问题和情况罗列出来，如宝宝每天的饮食情况、活动情况、睡眠情况，甚至可以具体到宝宝每天吃什么、吃多少、怎么吃等。如果有表现病情的照片或视频，可一并准备好，给医生作为参考。

➡️ 详细说明

咨询某一方面的问题时，要详细说明发病情况（包括时间、症状、体征、有无服药、用药情况、有无过敏等）。比如：

◆ 宝宝发热：发热时体温多少、何时开始、持续多长时间、就诊前吃过什么药、做过什么检查、发热时有没有其他症状、有哪些症状等。

◆ 宝宝腹泻：何时出现腹泻、一天腹泻的次数、腹泻时大便的性状、腹泻期间服用过什么药物、服药后症状有没有减轻、腹泻出现前服用过什么食物或药物、接触过什么人或物品、有没有其他症状等。如果是线上问诊，需要提供腹泻时的大便照片，供医生参考。

◆ 宝宝皮肤过敏：何时出现症状、皮疹形状、出现皮疹的部位、皮疹的大小、皮疹是否为对称出现、宝宝是否感觉瘙痒、出现症状前服用过什么食物或药物等。如果是线上问诊，需要提供照片供医生参考。一般需要医生当面查看皮疹的类型和严重程度才能诊治。因此，患有皮肤疾病时，尽量带宝宝去医院找医生当面咨询。

➡️ 准确回复

回复医生的问题时需要用准确的词语，比如当医生问"宝宝发热多久了""吃了多少退热药""吃了几次"的时候，家长不能只单纯地作出"发热有一段时间了""大概吃了2次药"等模棱两可的回复，这样不仅会增加医生问诊的时间，还会影响医生对病情的判断。

➡ 尽量一次只关注一个问题

父母在问诊的时候，尽量只关注一个问题，不要"顺便"再问其他与这次问诊目的无关的问题。如果这次就诊只是关于宝宝的过敏症状，就集中咨询这一个问题，不要"贪多"再询问与过敏无关的问题。

➡ 线上咨询只适用于健康咨询和慢性疾病

线上问诊只适用于一些基础的健康咨询及不是特别紧急的慢性疾病。如果宝宝起病急、病情严重，出现昏迷、脱水等症状，必须尽快去医院就诊，以免延误治疗。

➡ 不要过于依赖网络信息

网络信息鱼龙混杂，有时候关键词输入不够准确，出现的信息真伪难辨。如果搜到不好的或者各种不同说辞，往往会让父母焦虑万分，甚至病急乱投医。比如宝宝纸尿裤上的尿液有点红，网络查询到可能提示肾病，父母看到就会焦虑不已。出现问题时，建议找专业医生咨询。

雨滴有话说

在日常门诊中，经常能听到父母抱怨和医生沟通很困难。

作为儿科门诊医生，每天要接诊大量的宝宝，而带宝宝前来就诊的大多是2个，甚至多个家属，每个人说一句，医生也难以对宝宝的病情作出正确的判断。所以，如果父母平时多了解一些医学相关的科普知识，在带宝宝就医时就能够做到准确地描述病情，有效地和医生沟通，帮助医生及时作出准确的诊断，让宝宝得到及时、有效的治疗。

发热

门诊中经常有愁眉苦脸的父母抱着宝宝前来咨询："医生，我的宝宝早上还在开心玩耍，刚一觉起来，却已经发热到 38.9℃，怎么办？"

宝宝发热，如果是白天还好，要是晚上，父母就够呛了。有的家庭与医院距离较远，赶到医院却挂不上急诊号，父母都很焦急。那么，在宝宝发热的情况下，该怎么处理呢？

主要症状

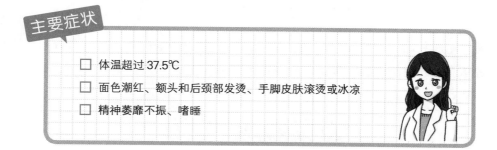

☐ 体温超过 37.5℃

☐ 面色潮红、额头和后颈部发烫、手脚皮肤滚烫或冰凉

☐ 精神萎靡不振、嗜睡

发病的原因

我们大脑里有一部分区域叫"下丘脑"，它有调节体温的作用。在正常情况下，人体的产热和散热过程保持着动态平衡。

人体受到病毒、细菌等致病因素影响之后，身体通常能很快识别这些"入侵者"，并把敌情讯号发送至大脑的体温调节中枢。后者给身体下达升高体温的指令，既可鼓舞免疫系统的士气，同时抑制病原体生长繁殖，利于机体把其杀死。

所以，发热并没有那么可怕，只要不是升高到特定温度（＞41℃），其实对我们的身体是无害的，甚至可能是有益的。

发热需要两个条件：一是体温调定点的上升；二是核心体温要超过正常值，也就是＞37.5℃。为了让大家明白发热温度如何区别，我们列举了以下人体体温的变化及划分标准：

正常体温	低热	中等热	高热	超高热
36～37.3℃	37.4～38℃	38.1～39℃	39.1～41℃	>41℃

人体不同部位的温度如下：

腋下	口腔	直肠
37.2℃	37.8℃	38℃

! 需要注意的是，即使不发生感染，我们的体温也不是恒定不变的，运动、应激状态下、昼夜温差大、生理周期等因素，都会引起体温波动。

宝宝发热时的处理方法

① 正确地测量宝宝体温

可以按不同部位来量体温，包括口腔温度、肛温、耳温、腋下温度和前额温度，其中肛温最接近身体内部真正的温度。将体温计放在宝宝的肛门或者腋下，测量结果通常是有差异的，这就是判断发热的标准通常要提示测温部位的原因。

常见部位的发热温度	
肛温	>38℃
口腔温度	>37.8℃
耳温	>38℃
腋下温度	>37.2℃
前额温度	>38℃

! 当宝宝哭闹、运动、刚进食、被父母抱着等，都会导致体温测量不准确，最好等宝宝保持安静状态15分钟后再测量。

② 宝宝怎么舒服怎么来

宝宝精神状态较好时，不需要急着吃退热药。记住一个处理原则——宝宝怎么舒服怎么来。多给宝宝补充水分，保持室内空气流通和室温适宜。

③ 必要时使用退热药

宝宝只是发热时，除了观察体温，更重要的是看精神状态如何。一般体温超过38.5℃就可以使用退热药，1天使用次数不能超过4次。

! 使用退热药只是对症处理，在病情未得到控制的时候，发热症状依然会反复。

怎么选用退热药

目前公认最适合孩子使用的退热药是布洛芬（如美林）和对乙酰氨基酚（如泰诺林），退热效果好，副作用少。

口服退热药物与栓剂塞肛药物的作用时间、退热效果等都没有明显差别，假如孩子能口服则首选口服。有严重呕吐、拒绝吃药等情形时，才选用栓剂塞肛药物。服用退热药时，应按照孩子体重来计算精准剂量。

➡ 禁止使用的退热药及退热方法

◆ 地塞米松

地塞米松属于激素类药物，可以通过降低体温调节中枢的敏感性来起到快速退热的作用。但体温下降过快，易出现胸闷气短，甚至昏厥等虚脱症状。

由于糖皮质激素免疫抑制作用，在降低体温的同时可能会降低机体免疫防御反应的能力，加重感染，给细菌和病毒等病原体可乘之机。长期滥用此药，会破坏宝宝的免疫系统，以后更容易生病，得不偿失。

糖皮质激素类等药物不能作为患儿退热的常规药物，除非有急性炎症反应综合征及病情较为严重时才能短期使用。

◆ 氨基比林

氨基比林有两个复方制剂，即安乃近和安痛定（阿尼利定），目前很多基层医院仍然有在使用。其解热镇痛的作用强，副作用也很强，可能引起粒细胞减少症。在安乃近的使用说明书中提到，它导致粒细胞缺乏症的概率为 1.1%，也就是说，100 个人服用安乃近，可能会有 1 个人发生粒细胞缺乏症。白细胞减少会让宝宝的抵抗力大大降低，遇到流行性感冒或者较重的上呼吸道感染时，都可能导致严重的后果。

另外，安乃近的不良反应还包括：引发荨麻疹、严重过敏性休克、自身免疫性溶血、再生障碍性贫血等。

◆ 阿司匹林、尼美舒利

慎用阿司匹林、尼美舒利等影响孩子生长发育、副作用较大的药物。

◆ 酒精擦身和药物灌肠

酒精的主要成分是乙醇，具有挥发作用。擦拭过程中能降低皮肤表面温度，但是容易被皮肤吸收，引起酒精中毒。

药物灌肠时插管灌肠操作不当，可能引发肠道损伤或感染。另外，灌肠药物五花八门，有生理盐水、喜炎平等注射剂，药物成分复杂，容易引起过敏或者肝、肾功能损伤。

> **提示**
>
> 一般推荐体温达到 38.5℃时再使用退热药。如果孩子精神症状好，能吃能玩的情况下可以继续观察。

LESSON
雨滴小课堂

　　退热药是有宝宝家庭的常备药物，但怎么选、怎么使用也是让很多父母头疼的问题。下面就来看看以下有关退热的问题该如何解决。

Q： 为什么要使用退热药？

A： 使用退热药的主要目的是让宝宝更加舒适，同时也能缓解父母紧张的情绪。宝宝发热的时候，应以其感到舒适为主。一般来说，服用退热药后，宝宝会更加舒适，精神状态很快改善，变得活泼爱笑、有食欲，父母也不会那么焦虑不安。

Q： 退热药可以联合物理降温使用吗？

A： 目前已不推荐使用温水擦浴进行退热，更不推荐用冰水或酒精擦浴的方法。相关研究发现，在使用退热药的基础上联合温水擦浴，短时间内的退热效果的确会更好，但与此同时，会明显增加宝宝的不适感。当然，如果孩子喜欢，或者能接受，也可以做。

Q： 退热注射剂可以用吗？

A： 不建议使用肌肉注射这种方式来退热。肌肉注射容易引起注射部位红肿、疼痛，甚至有可能造成患儿臀部肌肉萎缩。而且这种方式容易造成宝宝有疼痛的不适感，增加其对就医的恐惧和焦虑感。

Q: 退热药要怎么服用？

A: 宝宝发热时，医生大多会推荐使用泰诺林或美林。门诊中经常有父母询问这些药的用法，还常有父母将混悬滴剂和混悬液剂量弄混。接下来，我们就来看看这两种药到底该如何使用。

1. 泰诺林

泰诺林，化学名叫对乙酰氨基酚，主要用于轻中度发热，体温不超过39℃的患儿，能够在服用后 30 分钟左右快速见效。粉色的液体为草莓口味，宝宝通常不会排斥。但肝功能受损、蚕豆病及 3 月龄以下的宝宝禁止服用。

对乙酰氨基酚（泰诺林）儿童用药指导		
体重	混悬滴剂	混悬液
6kg	0.6～0.9ml	2.0～2.5ml
8kg	0.8～1.2ml	2.5～3.5ml
10kg	1.0～1.5ml	3.0～4.5ml
12kg	1.2～1.8ml	3.5～5.5ml
14kg	1.4～2.1ml	4.5～6.5ml
16kg	1.6～2.4ml	5.0～7.5ml
18kg	1.8～2.7ml	5.4～8.5ml
20kg	2.0～3.0ml	6.5～9.5ml
22kg	2.2～3.3ml	7.0～10.0ml

注：对乙酰氨基酚混悬滴剂为15ml：1.5g，对乙酰氨基酚混悬液为100ml：3.2g

2. 美林

美林，化学名叫布洛芬，主要在高热，体温超过 39℃的时候服用，属于强效退热药。服用后通常可以持续 8 个小时的退热作用，安全性很高。黄色液体为橘子口味，宝宝通常容易接受。小于 6 月龄、有肾功能损伤、患血友病、脱水、有消化道出血等出血性疾病的宝宝禁用此药。

布洛芬（美林）儿童用药指导		
体重	混悬滴剂	混悬液
6kg	0.625～1.5ml	1.5～3.0ml
8kg	1.0～2.0ml	2.0～4.0ml
10kg	1.25～2.5ml	2.5～5.0ml
12kg	1.5～3.0ml	3.0～6.0ml
14kg	1.75～3.5ml	3.5～7.0ml
16kg	2.0～4.0ml	4.0～8.0ml
18kg	2.25～4.5ml	4.5～9.0ml
20kg	2.5～5.0ml	5.0～10.0ml
22kg	2.75～5.5ml	5.5～11.0ml

注：布洛芬混悬滴剂为15ml：0.6g，布洛芬混悬液为100ml：2g

Q： 两种退热药可以联合使用或交替使用吗？

A： 最新版美国儿科学会指南不推荐对乙酰氨基酚联合布洛芬用于儿童退热，也不推荐对乙酰氨基酚与布洛芬交替用于儿童退热。主要是因为父母容易弄混或者给宝宝过多服用，对缓解宝宝发热引起的不适也并没有更好的帮助。

宝宝生病不要慌，分清病症最重要

Q: 宝宝睡着了是否需要叫醒服药？

A: 宝宝能睡着，基本属于暂时不难受的表现，不推荐睡着后叫醒其服药。
但是有心脏、肺部等基础性疾病和热性惊厥的孩子就不太适用，因为受发热的影响，他有可能是因为太虚弱而睡着了。针对这些有基础性疾病的宝宝，在其手脚发热，体温上升期且超过 38.5℃时，建议叫醒喂药。

Q: 发热真的会"烧坏脑子"吗？

A: 发热不是一种病，只是疾病的外在表现，是疾病的症状之一。没有任何研究和临床数据表明发热本身会加重病情或"烧坏脑子"。
有些中枢神经系统感染，比如病毒性脑炎、化脓性脑膜炎的临床表现为发热，如不能及时诊治，可能会产生神经系统后遗症，诸如癫痫、智力障碍、肢体运动障碍等。但这并不是发热导致的，而是颅内感染引起的。

Q: 如果持续发热，可以一直用退热药吗？

A: 使用退热药只是对症处理，在病情未得到控制的时候，发热依然会反复。
只有当患儿体温超过 38.5℃，才考虑用药，且一天不能超过 4 次。但如果宝宝精神状态不好，体温上升速度也很快，且有明显不适时，比如头痛、肌肉酸痛，也可以使用。

Q: 发热时出现哪些情况要立即就医？

A: 究竟要不要到医院，最重要的是观察宝宝的精神状态，而不是以体温为标准。宝宝虽然体温高，但精神状态不错，服药退热后仍能吃、能玩，与平时差不多，说明病情不重，可以放心在家中继续观察。

但出现以下几种症状，都应尽快带宝宝去医院，如：

1. 高热或超高热；

2. 发热持续超过 3 天以上；

3. 伴有精神差、排尿少、口唇干燥、哭时眼泪少；

4. 伴有腹泻、呕吐、抽搐；

5. 伴有呼吸困难；

6. 3 月龄以下宝宝体温超过 38℃，尤其是新生儿；

7. 精神萎靡、倦怠、表情淡漠，甚至出现神经系统症状，如抽搐、喷射性呕吐。

Q: 为什么不推荐使用退热栓？

A: 能服药尽量选择服药，服药剂量按照每kg体重计算是比较安全，且疗效有保障的。而栓剂是直肠给药，不能持续达到有效血浆浓度，易受栓剂大小、塞入位置、宝宝体重等因素影响，药效不稳定。退热栓剂一般只用于宝宝呕吐或者不愿服药的情况。

热性惊厥

热性惊厥是儿科常见病之一，通常在发热 24 个小时内出现，多见于 2 月龄至 5 岁的孩子，通常在肛温 ≥ 38.5℃ 或腋温 ≥ 38℃ 时突然出现。

主要症状

☐ 肛温 ≥ 38.5℃ 或腋温 ≥ 38℃   ☐ 全身僵直

☐ 全身抽动、双眼上翻，伴随意识丧失

☐ 呼吸困难

☐ 没有无热惊厥史

☐ 没有神经系统疾病和导致抽搐的代谢性疾病

发病的原因

热性惊厥在 5 岁以内孩子的发病率为 2%～4%，高发年龄为 12～18 月龄，主要和孩子大脑发育不完善有关。男女发病比例为 1.6：1，男孩多见，可能和男孩大脑发育相对缓慢有关。

如果父母、兄弟姐妹有热性惊厥发病史，孩子可能也会发病，因为此病有遗传倾向。是否发病，与孩子的性格无关，通常也不影响其之后的生长发育。

退热药并不能有效预防热性惊厥的发生，也不建议作为预防性药物使用。所以，父母平时还是要多熟悉一下热性惊厥的处理方法，冷静对待。

孩子热性惊厥时的处理方法

① 把孩子放在床上或者地板上，清除附近尖锐和坚硬的物品，以免造成伤害。

② 把孩子的头偏向一侧，这样便于呕吐物顺势流出，保持呼吸道通畅并及时清理口鼻呕吐物或黏液，以防嘴里的分泌物被误吸入气管。

③ 不要往孩子嘴里放任何东西（热性惊厥时可能会咬伤舌头）。

④ 不要在孩子抽搐时抱着去医院，否则容易引起损伤，等发作结束方可就医。

雨滴有话说

1. 有一小部分孩子会出现无热惊厥或者低热惊厥，但无论出现什么类型的惊厥，都应该积极、及时地就医。热退后1周最好做脑电图复查。

2. 绝大部分热性惊厥都是单纯性的，继发癫痫的可能性非常小，对孩子大脑发育没有影响。

宝宝生病不要慌，分清病症最重要

Section 05 感冒

说到感冒，很多父母并不陌生。如果宝宝有发热、流涕、鼻塞、打喷嚏、咳嗽等表现，那极有可能是感冒了。

主要症状

☐ 发热　　☐ 流涕　　☐ 鼻塞
☐ 咳嗽　　☐ 咽喉肿痛　☐ 打喷嚏

发病的原因

目前，我们把感冒纳入上呼吸道感染的一种。什么是上呼吸道感染？

鼻腔、扁桃体、鼻窦、喉部都属于上呼吸道。这些部位的感染往往是同时或局部存在的，假如局部感染很严重，病原体比较明确，就可以考虑为单独的一个疾病，像咽炎、喉炎、扁桃体炎等。例如有的孩子连续10天流脓鼻涕，有可能是患上了鼻窦炎。

细菌和病毒感染是上呼吸道感染最重要的两个病原体，除此之外，还有支原体感染、流行性感冒病毒感染或其他病原体感染。其中病毒感染占90%，也就是说，感冒绝大多数是病毒感染引起的。

如何区分病毒性感冒和细菌性感冒

	病毒性感冒	细菌性感冒
病因	病毒感染	细菌感染
症状	●症状比较轻，发热大多持续3天左右，之后会逐渐消退 ●鼻涕从清鼻涕转向黄鼻涕时，发热一般就会减轻了 ●发热的时候孩子精神状态不好，但不发热的时候，吃、喝、玩、乐都正常 ●有的孩子会咳嗽，持续1～2周	●病情会比较重，发热持续时间长，不用抗生素可能很难痊愈，而且呈逐渐加重趋势 ●由清鼻涕转向黄鼻涕的时候，并不代表症状减轻，反而体温逐渐升高 ●不发热的时候精神状态也不太好，不愿意吃、不爱玩，整个人状态蔫蔫的

孩子感冒时的处理方法

① **鼻塞、流涕**

针对鼻塞、流涕，最好的方法是用生理盐水洗鼻。

② **咳嗽**

如果孩子每天只是咳嗽几次，不影响生活起居就无需治疗。

③ **发热**

孩子体温超过38.5℃，建议使用美林或者泰诺林退热，具体可参照第180～181页。

! 对于感冒是否需要用药，一般来说只需对症处理。如果只是出现发热、鼻塞流涕、咳嗽、精神状态变差、总吵闹、不好好吃饭等表现，父母只需要对症处理就行了。

宝宝生病不要慌，分清病症最重要

不推荐使用的药物

➡ 药品名中带有"氨""麻""敏""美"这些字眼的复方感冒制剂

国际上普遍不建议 4 岁以下的孩子服用复方感冒制剂，比如小儿氨酚黄那敏颗粒等；而 4 ～ 6 岁的孩子要在医生的指导下衡量利弊后再使用。

服用任何药物都是需要承担药物风险的。发热时只需要对症服用单一的退热药就好，吃了有两种成分混合的药物，就代表孩子需要多承担一份药物副作用带来的风险。

如果已经给孩子吃了上述药物，尚未出现异常就不用担心，以后避免使用就好。

➡ 利巴韦林颗粒或者喷雾剂

利巴韦林只对呼吸道合胞病毒有效，对引起普通感冒的病毒是无效的。

该药不良反应较大，如溶血性贫血、致死性的心肌损害、肝肾损害、胎儿畸形等，强烈建议孕妇和孩子不要使用。

➡ 抗生素

抗生素只对细菌感染有效，对病毒无效。除非合并细菌感染，否则无需使用抗生素。

如何增强孩子免疫力

孩子出生时，免疫系统就开始建立了，可是孩子如"新手上岗"，没有什么实战经验，需要在不断和病菌斗争的过程中完善。就像打仗一样，士兵只有持续上战场才能磨炼成长。

大部分的孩子在出生6个月后，从妈妈那里获得的抗体逐渐消耗殆尽。加上孩子已经会坐，看到什么东西就想往嘴巴里塞，接触病原菌的机会增多，生病的概率也增加了。

有研究发现，6岁以下的孩子平均每年感冒6～8次，每年10月到次年4月是感冒高发期。有的孩子甚至每个月都感冒1次。算下来，正常孩子可能一年中有半年在生病。这种情况一般上了小学才会好转，10岁后，孩子的免疫力逐渐达到成人水平。

➡ 规律的生活和充足的睡眠、愉悦的心情

常年在门诊工作，我发现焦虑型父母的孩子更容易生病。在门诊中，有个妈妈曾经向我反映，其4岁女儿只要看到父母吵架就会发高热生病；当他们围着女儿团团转时，女儿的病往往不药而愈。

如果想要孩子状态好，父母平时要多注意夫妻关系，不要因各种原因导致家庭矛盾过于频繁。即使父母不说，孩子也能感受到。

➡ 适当户外玩耍

多带孩子到户外晒太阳、跑跳。让小宝宝多做被动操、爬行等活动，2岁以上的孩子每天户外活动保持在2个小时以上。适量运动能有效减少患病风险。

➡ 按时接种疫苗

按时接种疫苗能刺激身体产生相应抗体，帮助孩子有效地抵抗各种疾病。

➡ 做一个"脏"孩子

不要什么都过于讲究干净，也不要过多地使用消毒剂。正常情况下，家里无需使用消毒剂。多带孩子到田野玩耍，光脚踩土、玩沙子，这样小剂量接触病原体，

反而能刺激免疫系统而又不致生病。

➡ 坚持母乳喂养

母乳中富含丰富的抗体物质，能帮助孩子增强抵抗力。如无特殊情况，推荐孩子1岁后才断奶，能坚持到2岁更好。综上所述，提高免疫力需要综合多个因素，并不是单独吃一种食物就能有效提高的。

➡ 均衡饮食

根据不同年龄段合理安排均衡饮食。现在的孩子很多身体问题都是"吃"出来的，大多是由于过量、不适、反季节饮食导致的。父母需要谨记古语"若要小儿安，三分饥和寒"，调节好孩子的饮食。

流行性感冒

流行性感冒（以下简称流感）与感冒的症状极为相似，但流感的病情比较急，症状比较重，多出现在冬、春季节。如果孩子除了打喷嚏、流鼻涕外，还出现以下 3 种症状，就很有可能是得了流感。

主要症状

☐ 发热快、体温高，体温在 38.5℃ 以上，即便服用退热药也很难消退

☐ 常感到头痛、全身酸痛、乏力

☐ 精神萎靡或异常烦躁，哭闹不止，还有可能出现呕吐、腹泻等症状

☐ 家庭其他成员或接触的小朋友中有疑似流感患者

发病的原因

由流感病毒所致，分为甲、乙、丙型，也就是人们常说的甲流（甲型流感）、乙流（乙型流感）、丙流（丙型流感）。

该病毒多在冬、春两季流行。其中甲型流感病毒经常发生抗原变异，传染性强，传播迅速，极易发生大范围流行。

如何确诊

结合上述症状体征，加上临床检验结果，尤其是流感病毒筛查（鼻咽拭子测试），即可确诊。

这里需要提醒广大父母，血常规检查不可以作为流感病毒的诊断方法。

孩子患流感的处理方法

① 注意体温动态

大多数孩子主要表现为高热不退，要注意监测孩子的体温。

② 想办法让孩子舒服点

多给孩子补充水分，保持家里空气流通、温度适宜，减去孩子多余的衣物。必要时进行物理降温。

!奥司他韦属于处方药，由医生开具，并在医生指导下服用。

③ 服用对症的药物和退热药物

确诊患上流感后48个小时内，应对症服用抗流感病毒药——奥司他韦。

患流感期间可能会有持续性的高热，要注意退热药物的服用次数和服用量。

④ 做好隔离和预防

流感具有很强的传染性，尽量由同一对父母照顾孩子。

父母需注意佩戴口罩和做好消毒工作。如家中还有其他孩子，需注意隔离，以免交叉传染。

患流感时不吃奥司他韦，可以吗

要视具体情况而定。有的孩子能自己抵抗病毒，但是有的孩子患病后容易并发肺炎、脑炎，严重的还要住院治疗。怀疑患有流感时，需尽快带孩子就医，对症处理，这样才能让孩子少受罪。

备孕女性、孕产妇、哺乳期妈妈和平时体质比较差的孩子，疑似患上流感时，建议在医生指导下服用奥司他韦。

怎么使用奥司他韦的效果最好

奥司他韦在发病 12 个小时内就可以使用，可能减少 3 ～ 4 天的病程。在门诊时遇到过许多疑似流感的孩子，给他马上用药后，一般 1 天左右就能退热。

另外，奥司他韦的服用疗程是 5 天，千万不要认为孩子病情好了就立即停药，否则容易引起病情反复。

以磷酸奥司他韦颗粒（可威）为例，按孩子实际体重服药，新生儿需由医生指导用量。

- ◆ 体重＜ 15kg：每次 30mg。
- ◆ 体重 15 ～ 23kg：每次 45mg。
- ◆ 体重 23 ～ 40kg：每次 60mg。
- ◆ 体重＞ 40kg：每次 75mg。

每天 2 次，每 12 个小时服 1 次，共服 5 天。

奥司他韦有什么副作用

任何一种药都有一定的副作用，最常见的有呕吐、腹痛等。为了缓解呕吐，可以尝试和食物一起吃或者不要吃得太饱。

宝宝生病不要慌，分清病症最重要

可以预防性使用奥司他韦吗

预防用药时间需要 10 天，目前不是特别推荐。其实最好的预防方法还是接种流感疫苗。当然，如果家里有人已经患上流感，照顾宝宝的看护人没有接种疫苗，就可以在医生指导下预防性服药。

! 奥司他韦作为治疗和预防流感的药物，对普通感冒无效。

雨滴有话说

如何预防流感：

1. 预防流感最好的方式就是每年 11 月前全家人都去接种流感疫苗。

2. 呼吸系统疾病高发期，少出门，出门戴口罩，不带孩子到人多的地方。

3. 注意隔离，学会拒绝接触生病的大人和孩子，不要碍于情面。

4. 早晚定时开窗通风 15 分钟，不过多使用消毒剂。

5. 均衡膳食、多运动；保持充足睡眠，养成良好的生活起居习惯，勤洗手。

6. 咳嗽、打喷嚏时最好用干净纸巾遮盖或者用衣服的袖子遮盖。

除了第一点，其他预防措施也适用于其他疾病。

咳嗽

在门诊中经常听到这些问题，如"孩子的咳嗽会发展成肺炎吗""会对身体有影响吗"等。这些问题萦绕在父母心中，让其整天担心不已。那么，孩子咳嗽时该怎么处理呢？

主要症状

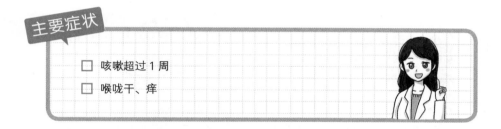

☐ 咳嗽超过 1 周

☐ 喉咙干、痒

发病的原因

咳嗽和发热一样，都是一种症状，它可以是多种疾病的表现，所以仅仅诊断为咳嗽就给予治疗，是不恰当的，必须先明确咳嗽由哪种疾病引起的，再决定是否给予治疗。

咳嗽是人体的一种保护性动作。当病毒、细菌侵袭时，人体会通过咳嗽，将分泌物、病原体、气道异物排出体外，对身体是有利的。

咳嗽常见于上呼吸道感染、过敏性咳嗽、支气管炎、肺炎等疾病。

① 让孩子多摄入汤汁、水等液体，最好保持尿色、尿量和发病前一样。特别是咳嗽时需小口、适量喝水，可以减少分泌物对咽喉的刺激，缓解不适症状。

② 室内湿度保持在 55% 左右，必要时可使用加湿器。

③ 建议用海盐水洗鼻，减少鼻分泌物刺激，缓解症状；对于上气道咳嗽综合征引起的咳嗽，缓解效果很好。

④ 保持室内空气的清新，注意厨房油烟的排出。父母更不可在室内吸烟，以减少烟雾对孩子呼吸道的刺激。

⑤ 孩子如果只是每天咳嗽几声，并不影响睡眠、生活起居，则无需药物治疗。只有频繁咳嗽或者咳嗽影响日常生活时才考虑药物治疗。

➡ **什么是慢性咳嗽**

咳嗽可分为急性咳嗽（病程在 2 周以内）、迁延性咳嗽（病程在 2～4 周）和慢性咳嗽（病程超过 4 周）。

慢性咳嗽是指咳嗽时间大于 4 周，以咳嗽为主要或唯一的临床表现，胸部 X 线摄片也没有发现问题。

不同年龄的孩子出现慢性咳嗽，常见病因有所不同，建议就医咨询，让医生帮助查找原因。

关于咳嗽用药

治疗咳嗽时首先明确病因，再选择用药。

咳嗽有痰，选择氨溴索这类化痰药；细菌感染引起的咳嗽，可以选择头孢类或者青霉素类；支原体感染引起的咳嗽，选用阿奇霉素。

咳嗽严重，特别是晚上或者接触冷空气就发作的孩子，除了有气道高反应，可能还会有过敏因素的影响，建议服用西替利嗪或者氯雷他定，必要时可加上孟鲁司特钠（顺尔宁）。

有气道高反应，且咳嗽严重时，建议做雾化治疗，用布地奈德加上万托林（硫酸沙丁胺醇）等药物雾化吸入，效果较好。合理使用雾化治疗，可直接对抗呼吸道炎症，迅速缓解症状，让孩子舒服一些。

! 所有药物都必须在医生评估孩子病情、开具处方后才可购买，并且在医护人员指导下使用，切不可随意买药使用或者停用。

提示

咳嗽久了会发展成肺炎吗？

这是一个错误认知，咳嗽是很多呼吸道疾病的表现之一。这些疾病是否发展为肺炎，主要与病原体类型、孩子身体条件有关，与咳嗽时间的长短无关。

肺炎大多数有咳嗽症状，但是咳嗽并不一定就患有肺炎，也许是普通感冒、支气管炎等引起的，这些疾病引起的咳嗽有时候也会持续 1 ~ 2 周。因此，"咳嗽久了会发展成肺炎"的说法不够严谨。

➡ 哪些止咳药不建议吃

大多数病毒感染引起的咳嗽会在 2 周内自行缓解，不需要使用利巴韦林等抗病毒药物或干扰素。

右美沙芬、可待因、福尔可定等药物属于中枢性镇咳药，有可能引起呼吸抑制。其中，可待因还有成瘾性，我国明令禁止 12 岁以下儿童使用。

➡ 哪些情况下需要及时就医

◆　3 月龄以下宝宝的呼吸代偿能力有限，病情变化也比较快，咳嗽时需要及时就医。

◆　宝宝有拒奶、拒食，烦躁不安或嗜睡难醒，精神状态差的表现。

◆　宝宝有呼吸困难、面色青紫、高热等其他症状。

◆　宝宝咳嗽时间长且频繁，已经影响到生活起居，或者父母心里尤其担忧的。

肺炎

肺不仅是呼吸器官，也是人体的重要屏障。肺炎是常见的呼吸系统感染性疾病之一，属于下呼吸道感染。我国每年有 250 万人患上肺炎，死亡的人数达 12 万之多，特别是小于 5 岁的婴幼儿和大于 65 岁的老年人，所以一定要了解和重视起来。

主要症状

- [ ] 发热时间长或者高热不退、多痰，呼吸急促、呼吸困难、鼻翼翕动，呼吸时有"三凹征"（肋间隙、胸骨下和锁骨上出现凹陷）

- [ ] 肺部听诊可闻及固定的中、细湿啰音等。胸片有肺纹理增粗等改变

- [ ] 有时症状不典型，孩子只是看起来无精打采或哭闹难哄、咳嗽、喂养困难、精神状况差

! 宝宝发生呼吸困难、剧烈咳嗽伴有高热时，需要及时去医院就诊。

发病的原因

常见的病因为细菌感染，其次为病毒感染、支原体感染、衣原体感染、真菌感染等。

怎么判断是感冒还是肺炎

宝宝高热，伴有剧烈咳嗽、咳喘时，要及时就医。父母切记不要自行判断并给宝宝用药。医生通过血象、影像学检查结果进行诊断。

判断宝宝是否得了肺炎，最简单的检测方法是在他相对安静的状态下数其每分钟呼吸的次数。

- ◆ 2 月龄以下 ≥ 60 次 / 分钟。
- ◆ 2 ～ 12 月龄 ≥ 50 次 / 分钟。
- ◆ 1 ～ 5 岁 ≥ 40 次 / 分钟。
- ◆ 5 岁以上 ≥ 30 次 / 分钟。

如何正确数呼吸次数？看宝宝腹部起伏来进行记数，腹部一上一下就是 1 次呼吸，数 1 分钟内的呼吸次数即可。

当有呼吸急促、口吐白沫，或者两侧鼻翼一张一合、口唇青紫的情况，需要立刻就医。

宝宝患肺炎的处理方法

① 对症治疗

使用抗菌药物：选择对应药物治疗，比如支原体肺炎，首选阿奇霉素等大环内酯类药物；如果有痰不易咳出，可采用雾化吸入疗法。

② 多饮水、多休息

多给宝宝补充水分，保持室内空气流通。不要让宝宝再做剧烈运动，保证充分休息。

③ 预防为主，防治结合

平时带宝宝多运动，定时清洁空调过滤网，用普通肥皂和洗手液勤洗手，避免带宝宝到人群密集的场所。另外，应及时带宝宝接种五联疫苗及 13 价肺炎疫苗。

新生儿患肺炎时会口吐白泡吗

新生儿患肺炎时，由于其气管又短又窄，咳嗽反射较差，肺部分泌物不能顺利排出，就会出现口吐白泡的现象。

➡ 宝宝在这些情况下吐白泡，要警惕

◆ 宝宝年龄小于 3 个月，频繁吐白泡并伴有发热、咳嗽、吃奶呛咳等症状，特别是呼吸急促（呼吸次数超过 40 次 / 分钟）、胸部凹陷、精神萎靡时，很可能是患上肺炎，应及时就诊。一般肺炎的病程是 10 天左右，只要及时对症治疗，很快就会康复。

◆ 刚出生的宝宝如果总出现像螃蟹似地吐泡泡的情况，并伴有吃奶呛咳或呕吐、呼吸困难、脸部发青的现象，也有可能是患上先天性食管闭锁，需要及时就医确诊。

总体来说，父母不能单凭吐白泡这一项症状就断定宝宝患肺炎了，需要根据实际情况来判断。

宝宝生病不要慌，分清病症最重要

雨滴有话说

宝宝在哪种情况下吐白泡，才说明生病了？

1. 3 月龄以下的小宝宝，尤其是新生儿，吐白泡的同时伴有拒奶、精神状态差、呼吸急促等情况，建议及时到医院就诊。

2. 宝宝只是偶尔吐白泡，吃奶好、精神状态好、呼吸平稳，则不需要太担心。父母只需注意宝宝的口腔卫生，及时擦拭，预防"口水疹"就好。

3. 大多数情况下，2 岁之前，伴随肌肉运动功能的逐渐完善，宝宝能有效控制吞咽动作后，嘴角就不会再流口水，也就不会吐白泡了。

09 便秘

便秘是一种常见的疾病，不仅成人，婴幼儿也可能出现。随着生活条件越来越好，父母给予孩子越来越多的精细食物，容易使孩子出现功能性便秘，需要进行一段时间的饮食调节。但有小部分孩子的便秘是由肠道畸形导致的，需要注意区分。

主要症状

- ☐ 排便间隔时间过久，≥5天
- ☐ 烦躁，排便时痛苦、哭泣
- ☐ 腹部胀气，大便像羊粪，一粒粒的；有的宝宝大便干、硬、粗，且体积大；解出的大便表面有血丝或条纹状血液

发病的原因

大部分便秘属于功能性便秘，可能与遗传、食物过敏、排便训练不当、饮食不合理、生活环境突然改变、补钙太多等因素相关。

孩子便秘的处理方法

① 调整饮食结构

进食膳食纤维丰富、有润肠通便作用的食物，如薯类、瓜类（如南瓜）、蔬菜类、菌类、藻类及新鲜水果等，增加饮水量，少吃零食。

② 遵从医生指导

在医生指导下使用一段时间的乳果糖。乳果糖几乎不会被人体吸收，但能软化大便，使其容易排出。

③ 按摩腹部，促进肠道蠕动

用手掌以顺时针方向按摩腹部，每天 1 ~ 2 次，每次按摩 3 分钟左右，帮助促进肠道蠕动。鼓励宝宝多爬行、多运动，增加运动量。

④ 合理使用开塞露

在便秘严重的情况下可以使用开塞露，但不可经常使用，否则容易形成依赖性。也可以用棉签头沾上肥皂水，塞入宝宝肛门后旋转一周，从"1"数到"10"再取出，这样可以刺激宝宝排便。

⑤ 训练孩子养成良好的排便习惯

每天让孩子在固定时间、固定地点坐在专属的小马桶上排便。每次排便训练时间不要超过 15 分钟，也不要在他情绪不好的时候进行，记得千万不要强迫他。

提示

膳食纤维确实有软化大便、促进排便的作用，但是香蕉中的膳食纤维含量仅 1.2g/ 100g，远低于梨、蜜橘及大多数谷类。因此，香蕉并不具备很好的通便作用。

区分攒肚和便秘

门诊中经常有父母带着几个月大的宝宝前来咨询："我家宝宝七八天没解大便了，不会是便秘吧？"

这其实是攒肚的现象。随着宝宝月龄的增长，消化功能逐渐完善，母乳消化吸收得多，每天产生的食物残渣少，不足以刺激直肠产生排便反射，就会出现很多天不排便的现象。

攒肚最长可达 10 多天，但只要宝宝吃、喝、玩、乐都正常，排出大便没有干硬、困难等症状就不算便秘，父母可以不干预。

腹泻

有相关数据显示，全世界每年死于腹泻的儿童高达 500 万至 1800 万。在我国，小儿腹泻是仅次于呼吸道感染的第二常见病、多发病。

主要症状

- ☐ 轻型腹泻：大便次数突然增多，从条糊状变成稀水样便，其他没有异常
- ☐ 严重腹泻：有烦躁或嗜睡，大便次数明显增多，解稀水样便，尿量少，哭闹无泪，眼窝凹陷等脱水症状，应立即送往医院救治

发病的原因

腹泻的病因有很多，下面我们列举几种常见的腹泻。

➡ 生理性腹泻

宝宝出生后没多久开始腹泻，每天解 2 ～ 7 次黄色稀糊便，无论怎么治疗，效果都不佳，大便常规检查结果也正常。这就是婴儿生理性腹泻。多见于 6 月龄以下纯母乳喂养的宝宝，一般添加辅食后就可恢复正常。

➡ 病毒感染

每年 10 月到次年 2 月是轮状病毒性腹泻发病的高峰期。感染轮状病毒后引起的腹泻，大便往往呈蛋花汤样，可呈黄绿色。

诺如病毒感染多突然发病，主要症状为呕吐、恶心、腹痛、解稀水样便或水样便，无黏液、脓血，大便常规检查显示白细胞阴性。目前没有特效药，只需对症处理，大多数预后良好。

➡ 细菌感染

通常表现为腹痛，同时伴有发热，大便次数增多，呈脓血便、黏液便。腹泻前常有阵发性腹痛，肚子里"咕噜"声增多。容易导致脱水、体内电解质紊乱。发病时皮肤弹性差，全身无力。

➡ 乳糖不耐受

小肠黏膜刷状缘缺乏乳糖酶，摄入奶制品后，其中的乳糖不能被小肠吸收，人体就会出现腹胀、腹痛、腹泻等症状。

乳糖不耐受性腹泻通常表现为吃后就解大便、放屁多，肚子发出"咕噜"的声响，腹泻次数增多，大便有奶瓣、大量泡沫或少量黏液。但除腹泻外，没有湿疹、过敏等异常情况，体重按正常规律增加。

大多数患儿是乳糖不耐受继发的腹泻，先天性较少见。

纯母乳喂养的妈妈可在哺乳前吃乳糖酶。对于混合喂养的宝宝，则建议给他吃无乳糖配方奶粉和益生菌来调节。

① 留意大便性状

观察腹泻时的大便性状，及时取样送医院化验，必要时可拍照，便于就诊时给医生参考。

② 做好清洁，防止"红屁股"

每次腹泻后要及时给宝宝更换纸尿裤（内裤），并将屁股上的污秽物冲洗干净，换上干净的衣物。小宝宝还需要涂上护臀霜隔离大小便，防止因腹泻次数过多引起"红屁股"。

③ 合理喂养，不应禁食

腹泻宝宝应正常饮食，不要禁食。没有补给足够的基础能量，反而会使肠道吸收功能下降，甚至加重症状。建议原来吃母乳的宝宝继续母乳喂养；添加辅食的宝宝要选择有营养且容易消化的清淡饮食，如粥、面条。也可以用炒至焦黄的大米熬粥（不要加油），或给宝宝喝蒸过的苹果汁，都可以减缓症状。

④ 避免宝宝脱水

宝宝腹泻时最怕的就是导致脱水。只要出现下列情况，应立即带他就医。
- 排尿量减少（24个小时内宝宝小便次数小于4次，或者8个小时无尿）、哭时无泪。
- 皮肤、嘴巴、舌苔干燥。
- 和平时表现不一样，出现困倦、嗜睡。
- 囟门、眼眶凹陷。

宝宝腹泻时的推荐用药

➡ 补液盐Ⅲ

宝宝腹泻量增大或者口干的时候，就要补充补液盐Ⅲ（儿童剂型）了。

体重10kg或以上的宝宝，在最开始的4个小时要补充500～750ml的补液盐。根据不同年龄，每次腹泻后额外补充的补液盐量也有所不同。

◆ 小于6月龄：每次腹泻后补充50ml。

◆ 6 月龄至 2 岁：每次补充 100ml。

◆ 2 ～ 10 岁：每次补充 150ml。

在孩子愿意喝水的情况下，尽量多补充补液盐，这样脱水风险就会降低。假如实在无法补充，孩子喝什么吐什么，嘴巴又干渴或者哭的时候没有眼泪，就要尽快带他去医院。

➡ 益生菌

可适量补充含鼠李糖杆菌、布拉氏酵母菌等益生菌。具体服用方法请参考第 37 页。

宝宝腹泻时不推荐的用药

➡ 止泻药（排除感染可用）

止泻药会改变胃肠的正常蠕动，容易造成肠内容物在肠腔内集聚，导致毒素被重吸收而加重病情，可能出现腹胀、呕吐、无法进食、高热等中毒症状。不过当排除感染情况时，在医生指导下可用。

➡ 抗生素

大部分腹泻由病毒感染引起，除非有细菌感染的明确证据，否则不要轻易使用抗生素。滥用抗生素会破坏肠道菌群平衡，杀死好细菌，加重腹泻。

➡ 各种市售止泻肚脐贴

没有确切证据显示这些止泻肚脐贴有止泻的效果。不仅如此，由于宝宝皮肤娇嫩，贴久了可能会引起皮肤过敏。

> **提示**
>
> 孩子腹泻时，一定要先找病因，才能对症下药，强烈建议每次先做大便常规检查。（如何检查详见第 316 页）

11 | 呕吐

孔子突然呕吐，父母往往很紧张。呕吐的病因多样且复杂，需要观察并及时就医。

主要症状

呕吐本身是一种症状，发生时大多伴有以下表现：

☐ 呕吐前面色苍白、上腹不适（会讲话的宝宝会表达腹痛）

☐ 厌食

☐ 进食、进水均会发生呕吐，呕吐物有时会从口或鼻腔喷出

☐ 呕吐严重时，患儿会有口渴、尿少、精神萎靡不振、脱水等症状

发病的原因

➡ **肠道病毒感染**

肠道病毒感染是呕吐最常见的原因，其中轮状病毒感染更常见，通常表现为孩子先呕吐，然后出现水样大便，简单来说就是上吐下泻，即我们常说的"肠胃炎"。病毒感染引起的呕吐通常在 12～24 个小时内停止，轻微的呕吐和恶心可能会持续 3 天。

➡️ **食物中毒**

食用腐坏食物数小时后呕吐，或者腹泻。

➡️ **咳嗽**

孩子用力咳嗽会引起呕吐，通常伴有胃内容物返流。

➡️ **食物过敏**

这种呕吐在进食后快速出现，引起过敏的常见食物有花生、坚果、鱼类和海鲜。

➡️ **幽门狭窄**

通常多见于出生 2 周到 2 月龄以内的宝宝。呕吐时呈喷射状，但呕吐完，宝宝可以照常吃奶。

⚠️ 呕吐是人体一种自我保护反应，将胃里过多且消化不了的食物排出，经过适当休息及合理、逐步喂养后，通常能自行缓解。所以，呕吐通常不需要积极使用止吐药。服药可能对胃肠道刺激更大，反而容易引起呕吐。

孩子呕吐的处理方法

① **及时补充水分**

呕吐的主要风险是脱水，越小的孩子越容易脱水。若孩子拒绝摄入口服补液盐，可以让他喝点牛奶或者水等液体。记住，不能喝果汁和碳酸饮料。

② **让孩子好好休息**

让孩子睡上几个小时，可以促进胃排空，清除呕吐物。

③ 适量补充口服补液盐

通常建议购买口服补液盐，及时、少量地补充，每次 10 ~ 15ml，即 2 ~ 3 汤匙。如果 4 个小时后没有再呕吐，可以增加补液量。8 个小时后没有呕吐，则可以恢复正常补液量。

④ 调节饮食

4 个小时后没有呕吐，可以增加固体食物。清淡饮食为主，淀粉类食物最容易消化，可从土豆泥、面条、面包、谷类、大米开始增加。24 ~ 48 个小时后恢复正常饮食。

！如果孩子感觉胃很不舒服，暂停喝水和进食。

雨滴有话说

呕吐时伴有轻微的发热，不需要使用任何药物治疗。

至于中高热时（超过 38.5℃），可以使用对乙酰氨基酚栓，这是肛门给药，不会刺激胃肠道引起呕吐。不建议使用布洛芬，因为有刺激胃酸分泌的作用，反而会引起胃部不适。

幼儿急疹

　　幼儿急疹，也称玫瑰疹、蔷薇疹，大多发生于6～18月龄的宝宝，2岁以后少见。发病原因主要与宝宝免疫力低下，以及感染人类疱疹病毒6型（HHV-6）或者人类疱疹病毒7型（HHV-7）有关，是门诊中较常见的小儿急性传染病，一年四季均可发病。

主要症状

☐ 突然发热，没有任何预兆，持续3～5天

☐ 皮肤出现玫瑰样斑丘疹，持续1～3天后消退，不留任何痕迹

☐ 少数患儿可出现嗜睡、恶心、呕吐，甚至热性惊厥

☐ 除食欲不好外，一般精神状态不错

发病的原因

　　宝宝6月龄之后，从母体带来的抗体逐渐减少，身体的小毛病开始增多，幼儿急疹往往是第一个"登门拜访"的病。人类疱疹病毒可以通过呼吸道分泌物、唾液传播。宝宝感染后，一般经历1～2周潜伏期才出现症状。

如何判断

　　高热第3～5天，体温骤然退至正常，同时或稍后出现玫瑰红色斑疹或斑丘疹，

压之褪色，很少融合。

出疹顺序一般是躯干－颈－上肢－面部－下肢。出疹期间可以正常洗澡、吃饭，无需特殊处理。皮疹通常在 1～3 天后自行消失，没有色素沉着或者脱皮。

在发热期诊断比较困难，有经验的医生会结合血常规化验单显示白细胞指数不高等结果及临床症状，作初步判断。一旦热退疹出，或者从外周血淋巴细胞和唾液中分离出 HHV-6 病毒，就可以明确诊断了。

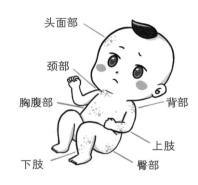

皮疹分布图

头面部
颈部
胸腹部
下肢
背部
上肢
臀部

宝宝患幼儿急疹的处理方法

幼儿急疹是一种自限性疾病，只需要对症治疗，不需要特殊处理。

① 适量饮水，1 岁以上宝宝可适当补充水、果汁等液体。

② 发热 38.5℃ 以上则使用退热药，如布洛芬或对乙酰氨基酚。

③ 宝宝高热或出疹期间出现烦躁的症状时，父母要给予细心、耐心的安抚。

雨滴有话说

幼儿急疹有可能会复发。

导致热退疹出表现的有 HHV-6B 或 HHV-7、柯萨奇病毒、肠道病毒等。假如这些病原体感染都有热退疹出的表现，就可能出现多次幼儿急疹了，不过患 1 次以上幼儿急疹的案例较少见。

手足口病

说到手足口病，广大父母都"闻之色变"。手足口病是由多种人肠道病毒引起的儿童常见传染病。大多数孩子患病后能够自愈，仅有个别重症患儿病程进展快，甚至出现死亡。

主要症状

☐ 潜伏期3～5天

☐ 发病急，咽痛、厌食、低热不退

☐ 全身不适并伴有腹痛

☐ 发病期间出现手、足、口腔等部位的斑丘疹或疱疹

☐ 疱疹呈圆形或椭圆形，面积为3～7cm²

☐ 可能还有咳嗽、流涕、恶心、呕吐等症状

发病的原因

引发手足口病的肠道病毒有20多种，其中以柯萨奇病毒A16型和肠道病毒71型（EV71）最为常见。EV71是造成重症手足口病患儿死亡的主要病原体。

① 此病目前没有特效药，病程约 1 周，如无并发症，预后良好。对于轻症患儿，只需对症处理，如高热就给予退热处理。

② 有些患儿因口腔疱疹疼痛，可能出现拒食的情况，此时不要强迫其进食，让其多吃点稍凉的流质食物，比如牛奶、粥等。加强口腔护理；大点的孩子可以用淡盐水漱口。注意不吃辛辣刺激性食物。

③ 需隔离 7 ~ 10 天，避免交叉感染。

患过手足口病还会再次得病吗

患过手足口病也可能再次得病。此病可由多种病毒引起，得过一次病，只是对某一种病毒有免疫能力；对其他病毒没有免疫能力时，仍有可能再次感染。

怎么预防手足口病

预防手足口病的有效方式是接种手足口疫苗。该疫苗主要针对 EV71 引起的手足口病，可以降低发病率，尤其是减少发展成重症，甚至死亡的风险。

Section
14 | 疱疹性咽峡炎

有种与手足口病十分相似的疾病，叫做疱疹性咽峡炎。孩子感染后也会像手足口病一样，出现口腔疱疹，但仅出现在左右口腔黏膜，手、足部位并不会出现。

主要症状

- [ ] 突发高热，体温可以高达 39℃以上，可能持续高热或反复高热
- [ ] 有明显的咽痛，吞咽时尤甚，咽痛在发病后第 2～3 天最明显
- [ ] 烦躁不安、流口水、拒食，不愿喝水
- [ ] 有的宝宝还会出现呕吐、头痛、腹痛或肌肉痛等症状
- [ ] 口腔黏膜出现少则 1～2 个、多则 10 多个的疱疹，但是手、脚部位都没有

发病的原因

疱疹性咽峡炎是由肠道病毒引起的以急性发热和咽峡部疱疹溃疡为特征的疾病。病原体以柯萨奇病毒、肠道病毒、埃可病毒、EB 病毒较多见。

疱疹性咽峡炎与手足口病的病毒类型

手足口病

埃可病毒：
1、4、7

柯萨奇病毒：
A2/A4/A5/A6/
A7/A8/A9/A10/
A16/B2/B3/B5

埃可病毒：19
肠道病毒：A17

疱疹性咽
颊炎

柯萨奇病毒：
A1/A3/A33/
B1/B4
埃可病毒：
6、9、16

传播渠道、发病季节、人群与病程

传播渠道：主要通过呼吸道、肠道传播，也可经污染的手、用具等间接传播。传染性较强，传播快。

高发季节、人群：夏季、秋季为高发季节，5 岁以下儿童为高发人群，但是重症人群主要出现在 1 岁以下的婴幼儿。

病程：一般 7 天左右自愈，偶有重者可迁延至 10 ～ 14 天。

孩子患疱疹性咽峡炎的处理方法

① 充分补水，这对病情好转很有帮助。孩子因为咽峡部或舌头上的溃疡造成疼痛，会不愿意进食、喝水。作为父母，要耐心地哄他喝水。

② 口服康复新液可以加速创面愈合。

③ 不强迫孩子进食，不要给他喂太热的水、太酸或太甜的果汁，以及吃太硬的食物。可以喂食偏凉的水或酸奶，喂较软的食物。疼痛严重的孩子可以吃点冰激凌缓解口腔不适。

④ 对症处理。如果体温超过 38.5℃，可以用布洛芬或者对乙酰氨基酚降温。如果有呕吐等其他症状，请及时就医治疗。

LESSON
雨滴小课堂

参考以下对比表，大家可以更直观地区分手足口病和疱疹性咽峡炎。

	手足口病	疱疹性咽颊炎
发热	一般中低热，体温不高于38.3℃，持续1~2天后恢复正常	突发高热，体温38.9~40℃，可能伴有抽搐，2~4天后退热
咳嗽、流涕	有	有
出疹	先发热随后出疹子，出灰白色小疱疹或红色丘疹，不痛不痒，不结痂	出疹子并伴有发热，出白色小疱疹
疱疹部位	多数先出现在口腔，咽痛较轻或没有；后发展到手、足、臀、膝关节、肘关节等部位	仅出现在口腔内，咽痛明显
严重程度	1%的患儿并发心肌炎、脑炎、肺水肿等重症情况，甚至导致死亡	可能合并细菌感染，但极少出现重症患儿
传染	通过粪便、飞沫和接触传染；有较强的传染性，需隔离治疗	通过粪-口或呼吸道传染；有一定传染性，但无需强制隔离
病程	潜伏期2~10天，1~2周后痊愈	1周左右痊愈

雨滴有话说

1. 两种病都属于病毒感染，且为自限性疾病，通常无需使用抗生素。

2. 柯萨奇病毒 A6 型引起的手足口病有时会出现脱甲、蜕皮的情况，可自行恢复，父母不必过于担心。

若父母在护理过程中比较担忧，建议就医寻求帮助。

宝宝生病不要慌，分清病症最重要

217

Section 15 喉炎

有些孩子咳嗽时会发出犬吠样的"空空声"，一般提示患有急性喉炎。假如父母只是将其当作普通咳嗽，自行买药给孩子止咳，反而会延误病情，可能引发严重后果，甚至危及孩子生命。

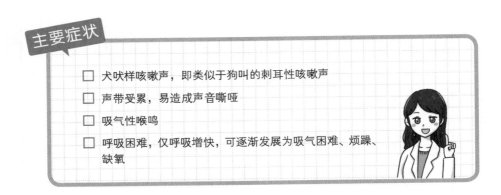

主要症状

- [ ] 犬吠样咳嗽声，即类似于狗叫的刺耳性咳嗽声
- [ ] 声带受累，易造成声音嘶哑
- [ ] 吸气性喉鸣
- [ ] 呼吸困难，仅呼吸增快，可逐渐发展为吸气困难、烦躁、缺氧

! 急性喉炎属儿科急症，孩子因喉部急性充血性水肿导致呼吸急迫，甚至呼吸困难，严重时会对生命造成威胁。

发病的原因

绝大多数是病毒感染，其中以副流感病毒 1 型、2 型、3 型最为常见。细菌感染导致的喉炎相对少一些。常见于 6 月龄到 3 岁的孩子，男孩发病比女孩多。有急性喉炎家族史的孩子，容易反复发作。

雨滴医生育儿百科

218

喉炎的治疗方法

　　治疗的关键是尽早就医，解除喉梗阻，及早使用有效、足量的抗生素控制感染；同时给予糖皮质激素促进喉部水肿的消退，并加强给氧、解痉、化痰等治疗，严密观察患儿呼吸情况。如发展为重度喉梗阻，应及时接受气管切开术。

孩子患喉炎的处理方法

① 适当开窗，来医院的过程中也尽量摇下车窗，让孩子呼吸新鲜空气，可以减缓喉部肿胀，缓解呼吸困难。

② 多喝水，保持环境的适当湿度，可以在房间里放个加湿器。

③ 发热时，合理地使用退热药退热。

!　喉炎治疗主要是使用激素类药物，这时的激素是可以救命的药物。它可以缓解喉部水肿，保证呼吸通畅。一般使用时间不超过3天，所以不必担心随之带来的副作用。

宝宝喉咙有呼噜声，是生病了吗

　　不一定。宝宝鼻腔小，容易鼻塞，有时睡觉时呼吸声会比较大，只要没有其他异常，可以不用理会。随着年龄增长，症状会慢慢好转并消失。

　　有的宝宝除了睡觉，白天安静的时候也会有呼噜声，要考虑是否有痰。如果伴有咳嗽、流涕等，估计是呼吸道感染，建议就医查明病因。

　　由于妈妈在孕期没有及时补钙，有的宝宝出生后会因为缺钙而出现喉软骨发育不良，呼吸时有喉鸣和打呼噜的声音。如果不影响吃奶和呼吸，只需要适量补充鱼肝油和钙，到宝宝1岁半，这些症状通常会消失。

宝宝生病不要慌，分清病症最重要

据统计，约 30% 的父母认为宝宝进食某种食品后会出现不良反应。其中，有 3%～10% 的孩子出现过敏反应，尤其是 1 岁左右的宝宝，发生过敏的风险更高。

主要症状

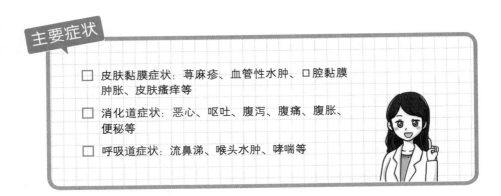

☐ 皮肤黏膜症状：荨麻疹、血管性水肿、口腔黏膜肿胀、皮肤瘙痒等

☐ 消化道症状：恶心、呕吐、腹泻、腹痛、腹胀、便秘等

☐ 呼吸道症状：流鼻涕、喉头水肿、哮喘等

发病的原因

食物过敏，简单来说就是宝宝对于某种食物不适应。

食物过敏可以分为 IgE 介导型、非 IgE 介导型和混合型 3 种。不同类型的食物过敏，症状是不一样的。IgE 介导的食物过敏表现为进食某种食物之后出现的急性荨麻疹，非 IgE 介导的食物过敏则更多表现为小肠炎、结肠炎等肠道症状。

食物过敏的处理方法

➡ 停止进食致敏食物

一旦确认过敏，应该第一时间停止进食引起过敏的食物。根据宝宝过敏的严重程度来判断是否需要去看医生。对于已经确定的致敏食物，应暂时停止摄入至少6个月，待免疫系统"休整"后再次尝试，但不要抱有侥幸心理。

> ！当宝宝出现呼吸困难、脸和嘴唇发肿、严重的腹泻或者呕吐时，应直接打电话叫救护车，这样严重的过敏症状随时会威胁宝宝生命。

➡ 食物替代，获取均衡营养

过敏体质的宝宝想要获得均衡丰富的营养，最重要的一个方法就是寻找含有同类营养素的食物来替代。对于母乳喂养的宝宝，先采用妈妈饮食回避的方式；症状不能缓解或者以奶制品为主的宝宝，可选用深度水解或有氨基酸配方的替代食品。对鱼、贝类等海鲜过敏的宝宝，可以吃牛肉、猪肉及豆类等食物。

一旦发现对某种食物过敏，是不是永远禁止吃

已经确认对某种食物过敏的宝宝，最关键的是避开过敏原，先不吃。这就要求父母要学会看食物标签，假如配料表中有致过敏成分，则不要购买。不要心存侥幸，认为激发过敏反应，能让身体更快适应，这是错误的想法。比如宝宝对蛋黄过敏，若在辅食中时不时添加，很可能给其身体造成伤害。正确的做法是至少等6个月后再给他少量尝试。

Q: 如何预防宝宝辅食过敏？

A:

一、坚持母乳喂养

建议母乳喂养至少到宝宝 6 月龄。母乳可以减少宝宝免疫系统对食物蛋白的摄取，减少食物过敏的发生，还可以促进宝宝肠道菌群的建立，从而降低过敏概率。

二、适时添加辅食

添加辅食的时间是根据宝宝的身体反应来决定的，建议在宝宝 4 ～ 6 月龄开始。早于 4 个月，宝宝的身体发育还不够成熟，过早添加辅食，会增加食物过敏和患消化系统疾病的风险。

三、遵循辅食添加的原则

遵循由少到多、由一种到多种、由稀到稠、由细到粗这四个原则。父母可以观察宝宝是否对该食物过敏，在一段时间没有出现异常的情况下，可以继续添加另一种食物。每添加一种食物，至少观察 2 ～ 3 天，再判断是否要避开该食物。

四、了解易致敏食物

美国儿科学会为父母列举了以下常见的致敏食物：

第一类是日常的营养蛋白食物，主要有鸡蛋、牛奶、小麦等。

第二类是鱼类和甲壳类动物，如各种淡水鱼和海鱼、虾、蟹等。

除此之外，像大豆、坚果类食物，也是引发宝宝过敏的常见过敏原。

五、视具体情况，可晚点添加易致敏的辅食

对于身体发育正常的宝宝，推迟添加易致敏食物，不能降低食物过敏的风险。辅食添加的顺序应该从宝宝的需求出发，不必刻意推迟易致敏食物的添加。然而，对于过敏体质的宝宝，可以适当推迟添加，并密切观察其食后的反应。

六、做食物记录

强烈建议父母在刚给宝宝添加辅食时就开始做食物记录，每次添加新食物都记录下来。要添加的新食物尽量在早饭那顿加，一旦宝宝有任何不适，父母可以及时发现。

七、不要滥用抗生素

抗生素的使用可以说是"杀敌一千，自损八百"，会杀死肠道的正常菌群，反而会诱发过敏反应。

八、不要过度追求干净，多带宝宝接触大自然

普通家庭无需使用 84 消毒液拖地，也尽量不用含消毒成分的湿巾。多带宝宝到大自然中接触土地，比如玩泥巴，这样适当接触外面的细菌、病毒，可以提高免疫力，减少过敏。

Q： 什么是食物不耐受？

A： 有些宝宝吃完某种食物后几天，会出现呕吐、起皮疹、便秘等症状，这是最常见的食物不耐受的表现，说明他的身体暂时无法消化某种食物，但不会自行调用免疫系统去对抗。

食物不耐受时表现出来的症状与轻微的过敏反应很相似，容易混淆，所以有些父母分不清楚。一旦发现宝宝对某种食物有类似过敏的症状，就采取完全回避策略，这样做反而容易导致宝宝饮食相对单一，影响多样化的营养摄入。

Q： 如何确认是食物过敏还是食物不耐受？

A： 出现食物过敏反应时，症状发展迅速，甚至危及生命，一般在吃了某种特定食物后几分钟到 2 个小时内出现；而食物不耐受可能要 1 天或者几天后才会显现，症状比较轻。

另外，比较精确的判断方法就是"回避－激发试验"： 如果宝宝摄入某种食物后出现了类似过敏的反应，停止摄入这种食物后，过敏反应消失；等症状好转后，再次摄入这种食物又出现了过敏反应，那么不用做其他检查，就可确定宝宝对这种食物过敏了。

Q： 一定要抽血查过敏原吗？

A： 抽血查过敏原，指的是只针对血清的食物特异性 IgE 筛查试验，不能检查另外两种类型，而且 IgE 检测存在一定数量的假阳性和假阴性。

皮肤点刺试验，也是主要针对 IgE 介导的食物过敏，同样存在假阳性。

2014 年，欧洲变态反应与临床免疫学会的食物过敏指南中已经明确指出，血清的食物特异性 IgG 水平检测不能用来诊断食物过敏。

无论是哪种类型的食物过敏，都需要经过综合分析才能确诊。过敏原检查只能起到辅助诊断的作用，轻度过敏的孩子通常无需检查。

宝宝生病不要慌，分清病症最重要

荨麻疹

荨麻疹，即我们常说的"风团"，是一种常见的皮肤病，以儿童多见。患上荨麻疹的孩子会奇痒难耐，导致睡眠不好、食欲不振，以及皮肤被抓破、溃烂等一系列问题。

主要症状

- ☐ 起风团或血管性水肿，发作形式多样，风团的大小和形态不一，多伴瘙痒
- ☐ 累及消化道时，可能会出现恶心、呕吐、腹痛、腹泻等症状
- ☐ 还可能引起水肿、胸闷、窒息、支气管哮喘等症状

❗ 当孩子出现憋气、呼吸困难等症状时，需要立即就医！

发病的原因

荨麻疹发病的原因极为复杂，仅 10%～25%的患儿有明确的病因，有的是内源性因素引起，有的可能是外源性因素引起的，如遗传、免疫力低下或自身免疫系统缺陷、甲状腺疾病、白血病等。

◆ 药物：例如抗生素或阿司匹林。

- ◆ 食物：例如鸡蛋、牛奶、坚果、海鲜。

- ◆ 接触到某些物品或气味：例如植物、动物毛发或乳胶，或某些气味。

- ◆ 其他：蚊虫叮咬感染，或接触冷空气及冷水。

荨麻疹的处理方法

➡ 注意饮食问题

症状较轻的荨麻疹多在数天内自行消失，一般不需要特殊治疗。我们首先要做的是寻找引起荨麻疹的原因。如发现孩子每次吃鸡蛋后会出现荨麻疹，就尽量不给他吃鸡蛋。不过经常难以发现具体原因。如不明原因的荨麻疹经常发作，则需要带宝宝及时就医。

➡ 遵医嘱进行药物治疗

急慢性荨麻疹的区别在于时间，病程超过 6 周为慢性荨麻疹。

- ◆ 急性荨麻疹：去除病因，首选二代抗组胺药，如西替利嗪、左西替利嗪、氯雷他定等。如果使用上述药物还不能有效控制症状，可选择泼尼松或者地塞米松治疗。

- ◆ 慢性荨麻疹：首选二代抗组胺药治疗有效后逐渐减少剂量，以达到有效控制荨麻疹发作为标准的最小维持剂量治疗。疗程一般不少于 1 个月，必要时可延长至 3～6 个月或更长时间。假如用药 1～2 周后不能有效控制症状，需咨询医生，在其指导下更换药物品种或与抗组胺药联合使用，或增加剂量。

过敏性鼻炎

这种疾病多发于 2 岁以上的孩子，4 岁以上发病率逐渐增加。我国儿童过敏性鼻炎患病率达到 7.83％ ～ 20.42％，发病人群以城市孩子为主，主要与城市人群比较讲究干净卫生和户外活动少有关。

主要症状

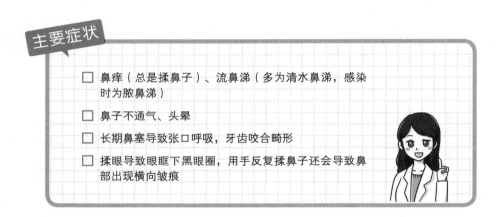

- ☐ 鼻痒（总是揉鼻子）、流鼻涕（多为清水鼻涕，感染时为脓鼻涕）
- ☐ 鼻子不通气、头晕
- ☐ 长期鼻塞导致张口呼吸，牙齿咬合畸形
- ☐ 揉眼导致眼眶下黑眼圈，用手反复揉鼻子还会导致鼻部出现横向皱痕

发病的原因

➡️ **遗传因素**

双方父母患有过敏性疾病时，孩子患此病的概率高达 75％。父母其中一方患过此病，孩子患病率高达 50％。

环境因素

季节性的过敏性疾病和室外花粉、灰尘有关，而常年性的过敏性疾病与尘螨、蟑螂、霉菌、动物皮毛等相关。

有的研究还表明，大气污染的颗粒物、汽车尾气、装修材料散发的甲醛虽不是过敏原，但也可加重过敏症状。食入性过敏原包括牛奶、鸡蛋、鱼虾、坚果（花生）、水果（芒果和菠萝）等食物。

过敏性鼻炎的处理方法

◆ 所有过敏性疾病的首要治疗手段就是避开过敏原。

◆ 用海盐水清洗鼻子 1～3 次，把过敏原、鼻涕冲走以缓解不适，减轻过敏反应。

◆ 激素鼻喷雾剂是最有效的治疗药物，多数在 30 分钟内起效。

推荐使用二代鼻部糖皮质激素喷雾剂，糠酸莫米松（≥ 3 岁孩子使用）、糠酸氟替卡松（≥ 2 岁孩子使用）、丙酸氟替卡松（≥ 2 岁孩子使用），这 3 种药物已被美国食品药品监督管理局（FDA）批准用于过敏性鼻炎。

想要使用效果好，建议每次用药之前擤净鼻涕，之后用海盐水或干净的水冲洗鼻子，然后让孩子头微向前倾，看自己脚趾头的方向，父母给孩子的每个鼻孔喷 1 下就行。推荐 1 天喷 1 次，严重时可以 1 天喷 2 次。

过敏性鼻炎发作时，至少使用激素鼻喷雾剂 2 周，坚持用药 2～4 周后复查，症状缓解后再减量。

常年的过敏性鼻炎，应坚持使用药物半年或一年左右。用药 1 个月后，过敏症状不明显了，需要复诊以查明原因。

有些父母不敢给孩子使用激素鼻喷雾剂，怕有副作用。其实，激素鼻喷雾剂的吸收率很小，使用二代激素鼻喷雾剂后，体内最多有 1%～2% 残留，含量极低，并不影响孩子正常的生长发育。

◆ 必要时联合使用口服二代抗组胺药物氯雷他定、鼻喷抗组胺药氮卓斯汀和孟鲁司特钠，以减轻鼻黏膜的充血肿胀。

如果只是流鼻涕和鼻痒、打喷嚏，每次持续时间很短，可以选择使用口服抗组胺药（或者鼻喷抗组胺药）。

症状比较严重的首选激素鼻喷雾剂，效果不好的根据情况加上各种对症药物。比如有哮喘，可加用孟鲁司特钠；伴有过敏性皮疹，加用西替利嗪等抗组胺药。

以上药物需在医生诊断后开出和遵医嘱用药。

雨滴有话说

　　有些人一到秋冬比较冷的季节，特别是早上起床时出现打喷嚏、流鼻涕的情况，等天气暖和就好了；也有人运动完就出现鼻炎症状，这样算不算是过敏性鼻炎？当然不算，这种鼻炎叫做血管运动性鼻炎，又称为特发性鼻炎，目前发病原因不明。虽然这种鼻炎和过敏性鼻炎很相似，但并不是由过敏引起的，要注意区分。

过敏性鼻炎怎么预防

城市孩子过敏性鼻炎高发的主要原因是过多地使用消毒剂、杀菌物品，建议平时多带孩子到户外接触大自然。

如果确定有季节性过敏性鼻炎，建议外出佩戴口罩。

① 改善居住环境，不养猫、狗等宠物，尽量不使用地毯，不使用绒毛被等；房间尽量通风，有阳光。

② 定期清洗空调过滤网，使用湿度调节器来调节室内湿度。室内空气湿度控制在50%以下最好。

湿度控制在50%以下

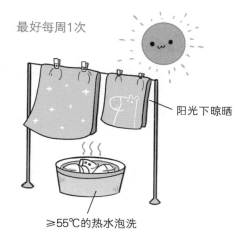

③ 保持室内清洁，去除尘螨。尘螨是引起儿童过敏性鼻炎的主要过敏原，为强致敏物，以人和动物脱落的皮屑为食，主要存活于床垫、衣被、绒毯、毛绒玩具、沙发、书柜等物品中。另外，室内布置应简单洁净，不要摆放毛绒玩具。定期（最好 1 周 1 次）用 55℃以上的热水泡洗被套和衣物，阳光下晾晒被褥、床单、衣物可以杀灭尘螨等过敏原。蟑螂的排泄物也是临床上常见的过敏原，所以要注意清除蟑螂。

最好每周1次

阳光下晾晒

≥55℃的热水泡洗

④ 对于花粉过敏呈季节性发病的患儿，在花粉播散期应减少户外活动；实在避免不了的，在花粉播散期前 2 周左右，可采用抗组胺药和鼻用糖皮质激素进行预防性治疗。

⑤ 对于食物性过敏原引起的过敏性鼻炎，要避免进食相应致敏食物。

⑥ 孩子平时要多锻炼身体，增强体质，提高自身免疫力，防止受凉感冒。

⑦ 尽量不要使用消毒剂或灭菌剂擦地、擦手机等。

Section 19 | 过敏性结膜炎

幼儿天性爱玩，在玩耍的过程中难免会因为接触到大自然中的某些物质（如灰尘、泥土、花粉、动物皮毛等），诱发过敏性结膜炎。过敏性结膜炎又称变态反应性结膜炎。

主要症状

☐ 双眼眼皮浮肿

☐ 眼结膜充血发红

☐ 眼痒难耐

☐ 眼睛出现透明、黏稠的分泌物

发病的原因

过敏性结膜炎是人类结膜对外界过敏原产生的一系列免疫反应性炎症性眼病，在过敏体质的孩子中尤为多见，高发于春季。主要以 IgE 介导的 I 型变态反应为主，常在接触过敏原刺激后 6 ～ 12 个小时发病，病程可持续数天。眼睛过敏并不影响视力，但是孩子反复揉搓眼睛引起的角膜损伤可能会影响视力。

雨滴医生育儿百科

孩子患过敏性结膜炎的处理方法

① 确定并立即避免接触过敏原。

② 症状轻微时可以用人工泪液冲洗眼睛。

③ 避免揉眼睛，揉眼可促使更多过敏因子释放，眼睛会更痒。

④ 浸湿毛巾，冷敷 3 ~ 10 分钟。冷敷可以收缩血管，止痒止痛。眼睛瘙痒难耐时都可以用。

⑤ 情况比较严重时，可在医生指导下使用盐酸西替利嗪等抗组胺药、典必殊（糖皮质激素眼药水）等。

! 没有必要使用抗生素眼药水。

结膜炎 ≠ 过敏性结膜炎

结膜紧贴于眼睑内面，有助于防止异物和感染对眼球产生的损伤。结膜炎是一种由病毒、细菌或过敏物质引起的结膜炎症。

准确来说，结膜炎包括 3 种类型，除了上文说到的过敏性结膜炎，还有感染性结膜炎和刺激性结膜炎。

➡ 感染性结膜炎

感染性结膜炎的传染性很强。常见表现为流泪、眼白发红、分泌物增多、眼中有异物感等。需要滴抗生素眼药水及外涂药膏。每天清洁面部的毛巾要清洗并定期更换。叮嘱孩子不要揉眼睛。

急性流行性结膜炎，俗称"红眼病"，是感染性结膜炎中的一种，传染性强，人群易感，容易形成爆发流行，需及时就诊。需要滴抗生素眼药水及外涂药膏，并叮嘱孩子不要揉眼睛。

因为刺激物进入眼睛导致眼睛发红，所以称为刺激性结膜炎。如果孩子因为感到眼部不适而不停地揉眼睛，则可能使症状加重。另外，有些孩子鼻梁宽而平坦，导致眼睑睫毛刺激眼球，产生摩擦，引起不适，从而出现泪水多、分泌物多等症状，也会导致该病。一般孩子到 1 岁左右，随着面部骨骼发育完善，睫毛自然会向外生长，分泌物会渐渐减少，可以不用特殊治疗。

如何给孩子滴眼药水

◆ 父母洗净双手，防止交叉感染。

◆ 滴眼药水前要先核对好药名、用法和用量，并确认好孩子是哪只眼睛需要用药。

◆ 如果眼睛处有分泌物，应先用柔软的毛巾擦拭干净再滴眼药水。

◆ 提前告知孩子自己要做什么，需要孩子怎么配合，并鼓励孩子乖乖听话。

◆ 让孩子坐下或躺在自己的腿上，头部后仰并固定位置不动。父母用手轻轻地拉开孩子的上眼睑和下眼睑，将眼药水滴入下其眼睑的沟槽里面。注意不要将药水直接滴在孩子的眼球上，也不要让瓶口触碰到孩子的眼睛。

◆ 松开孩子的下眼睑和上眼睑，让其闭上眼睛。

◆ 用干净的纸巾或毛巾擦去孩子眼角多余的药水或眼泪即可。

◆ 如果孩子不太配合，可以让他平躺着，一位父母固定住他的头，另一位父母将眼药水滴入其内眼角，并让其眨眼吸收。

雨滴有话说

1. 眼药水开启后，通常有效期为 1 个月；临时配置的眼药水开启后，一般有效期是 2～3 周；请确认和标记开启日期。

2. 不使用颜色已经变化或瓶中出现异常结晶的眼药水。

3. 若眼药水是混悬液，需充分摇匀后使用。

哮喘

哮喘是我国 1～6 岁孩子中常见的疾病,好发于 3 岁内的孩子。常在孩子感冒、过敏及气候剧烈变化时发作或加重,通常解除诱因后可自行恢复。该病有明显的遗传倾向,也可能与环境或孩子体质有关。

 主要症状

☐ 咳嗽、喘息、呼吸困难、胸闷等

☐ 伴有哮鸣音的呼气性呼吸困难

发病的原因

小儿哮喘是一种危害孩子身体健康的慢性呼吸道疾病,由于诊断较复杂,容易被忽略。有部分人因为幼年患哮喘后治疗不及时或者治疗不当,最终导致病情不断加重,并演变为成年哮喘,严重时可危及生命。

哮喘的诊断标准

中华医学会变态反应分会儿童过敏和哮喘学组鲍一笑等制定了 6 岁以下儿童简单实用的诊断评分模型,总分大于 4 分即可诊断为哮喘。

内容	评分		评分标准
1.喘息发作频率累计≥4次	是：3分	否：0分	≥4分诊断为哮喘
2.是否存在可逆性气流受限？	是：3分	否：0分	
3.是否存在过敏性鼻炎和/或特应性皮炎？	是：1分	否：0分	
4.一级亲属中是否存在过敏史？	是：1分	否：0分	
5.有无体内或体外变应原检测结果？是否阳性？	是：1分	否：0分	

! 喘息发作频率：2次喘息发作之间应间隔1周以上；

可逆性气流受限：包括支气管舒张试验阳性和抗哮喘治疗有效。

哮喘的诊断需要由专科医生判断。当发现孩子出现长期咳嗽或哮喘典型的喘息、胸闷、咳嗽、呼吸急促等症状，需要及时带其就医。

哮喘的处理方法

哮喘的治疗方案较复杂。一旦被确诊为哮喘，需要尽快评估等级，进行长期性、个体化、持续性的治疗。

治疗需要遵循"评估－调整－监测"的流程，原则上防止加重和复发。不可随意停药或减药，否则会使病情反复，治疗周期更长，更难控制。

遵医嘱长期规范使用药物控制，治疗药物有糖皮质激素、$\beta2$ 受体激动剂、白三烯调节剂等。

糖皮质激素是治疗支气管哮喘最有效的抗炎药物，通过抑制气管炎症而有效地控制症状。吸入治疗是首选给药途径，药物直接作用于呼吸道，剂量小，不会出现明显不良反应，不会影响孩子的生长发育。常用药物有布地奈德、二丙酸倍氯米松等。

哮喘是一个比较"麻烦"的疾病，需要父母做好长期作战的心理准备。父母配合的程度与孩子的病情进展息息相关。千万不要轻信所谓的偏方、秘方而放弃有效治疗，否则会贻误病情。

如何预防哮喘

① 孕期和婴幼儿应避免吸入二手烟。

② 母乳中有丰富的免疫球蛋白，应尽量坚持母乳喂养。

③ 规避过敏原，如定期更换枕头、床垫，保持空气清新，尽量不玩毛绒玩具等。

④ 合理膳食，加强锻炼身体。

雨滴有话说

咳嗽变异性哮喘是类似哮喘的幼儿多发病，表现突出的症状有长时间反复干咳，在夜间和清晨，或遇到冷空气、运动等刺激情况下加剧。没有明显的气促、喘息症状。多有湿疹、过敏性鼻炎或家庭过敏史。用抗生素无效，用抗过敏药和糖皮质激素治疗有效。

大部分孩子随着年龄的增长，免疫功能逐步完善，发作次数逐步减少，甚至痊愈。但有50%左右的孩子会发展成哮喘，所以及时、规范地治疗以降低发展成哮喘的风险，非常有必要。

建议吸入布地奈德等糖皮质激素和支气管舒张剂联合治疗，如治疗2周后症状无缓解，可加用孟鲁司特钠。

21 水痘

水痘是由水痘－带状疱疹病毒引起的一种传染性疾病，好发于 1～6 岁的孩子，传染性很强，在幼儿园很容易呈群体爆发趋势。

一般先出现发热、食欲不振，1～2 天后出现皮疹。

☐ 全身性疾病，往往由头面部、躯干开始逐渐扩散至四肢及末端，呈向心性分布

☐ 刚开始是很痒的红色丘疹，很快形成像蔷薇花瓣上的露珠状的疱疹，1～2 天后就会变浑浊，结痂

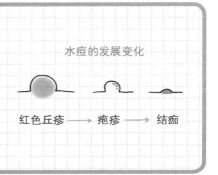

水痘的发展变化

红色丘疹 ⟶ 疱疹 ⟶ 结痂

发病的原因

水痘患者或者带状疱疹患者是主要的传染源。常见的传播方式是呼吸道传播，和接触破溃的疱液。

孩子患水痘的处理方法

大多数孩子的水痘症状较轻，仅表现为发热和皮疹，隔离在家，对症处理即可。

"让我看看
有没有发热。"

① 发热首选对乙酰氨基酚来退热。如果孩子高热不退，或者精神状态不好，要立即就医。

② 保持皮肤清洁，剪短指甲，减少因抓破水痘引起继发性皮肤感染的机会。皮肤瘙痒时，可局部涂抹炉甘石洗剂，还可口服西替利嗪等抗组胺药。

③ 穿着衣物宜宽松，棉质，避免刺激皮肤。勤换衣被，保持皮肤清洁。

! 应至少隔离2周并且等皮疹全部结痂才可外出。水痘大范围流行时，易感人群的检疫期为3周，就是在家隔离观察3周才可去幼儿园或学校。同时不要使用激素类软膏。

雨滴有话说

预防水痘须知：

1. 及时接种水痘疫苗。（具体请查阅第 289 页）

2. 避免接触水痘患者。这里要特别指出的是，成人的带状疱疹也会传染给孩子而引起水痘。

3. 在冬春季呼吸道传染病流行期间，应尽量减少到人员拥挤的公共场所。定期开窗通风，保持室内空气清新。

呼~呼~

22 | 打鼾

　　安静的夜晚，熟睡的孩子突然"鼾声如雷"，大多数老人认为这是孩子睡得香的表现。但其实婴幼儿睡觉经常打鼾是一种病症，对其生长发育有一定的影响。孩子睡眠中出现打鼾，同时伴有憋气、睡眠不安稳、烦躁多动的话，很有可能是病理性打鼾，需要及时就诊。

主要症状

- ☐ 睡眠中出现打鼾
- ☐ 反复惊醒
- ☐ 可伴白天嗜睡
- ☐ 张口呼吸、憋气
- ☐ 遗尿、多汗、多动

发病的原因

　　呼吸时，空气经过口鼻、咽喉等部位的时候遇到一定阻碍，就有可能发出声响。打呼噜可不是睡得香，大多是呼吸道不通畅的表现。比如孩子有扁桃体和腺样体异常肥大、增生，或有其他如过敏性鼻炎、鼻窦炎、鼻息肉、鼻中隔偏曲等病症，都会导致出现打鼾的现象。

孩子打鼾有哪些危害

◆ 孩子在睡眠中呼吸不到充足的氧气，就很容易反复憋醒，严重影响白天的精神状态，容易犯困，总是提不起精神。长期如此，会影响其生长发育和智力发育，学习与认知能力也会出现障碍；更有甚者出现生长发育障碍、神经系统损伤及心肺功能异常等。严重阻塞性睡眠呼吸暂停综合征可危及生命。

◆ 有些孩子由于鼻子呼吸不通畅，改用嘴吸气。长期张嘴呼吸，可能导致其脸部及牙齿发育变形，比如出现上唇短厚翘起、门牙突出、鼻唇沟消失、牙齿咬合不良等情况。

! 孩子打鼾并非因为睡得香，可能与其他疾病相关。因此，对于打鼾、张口呼吸、睡眠易醒的孩子，要及时带他到医院进行检查。

孩子总打鼾的处理方法

① 发现孩子有打鼾、睡眠易醒的情况，要及时带他到耳鼻喉科就诊。1岁以上单纯性打鼾的孩子，可以通过改变睡姿，如选择侧卧位来减少呼吸阻力。肥胖的孩子可以通过控制并减少体重，尽量增大其咽喉与舌后的空间，减少呼吸阻力。

② 由扁桃体和腺样体肥大造成的阻塞性睡眠呼吸暂停综合征患儿，可能需要通过做手术或者尝试持续气管正压通气治疗来改善睡眠质量。具体治疗方案由就诊医生决定，同时需要配合良好的睡眠姿势辅助睡眠。

Section 23 尿路感染

门诊中经常遇到一些不明原因发热的孩子，除了常见的感冒、幼儿急疹、手足口病等引起的发热症状外，2 岁以下发热的孩子中，大约有 7% 是由尿路感染引起的。尿路感染的人群中，女孩多于男孩，大概有 30% 的患病率，而且容易复发。

主要症状

- [ ] 3 月龄以下：可有发热、呕吐、哭闹、嗜睡、喂养困难、发育迟缓、黄疸、血尿或脓尿等症状
- [ ] 3 月龄以上：可有发热、纳差、腹痛、呕吐、尿频、排尿困难、血尿、脓血尿、尿液浑浊等症状

❗ **小宝宝有不明原因的发热，一定要做尿常规检查。尿常规中显示白细胞数量≥5/HPF，就要考虑泌尿系统感染。尿细菌培养实验是诊断泌尿系统感染的"金标准"。**

发病的原因

病原菌侵入尿路，在尿液中生长繁殖而引发炎症。细菌沿着尿道上行到达膀胱或肾脏等位置，就有可能引起泌尿系统感染。

雨滴医生育儿百科

尿路感染的处理方法

根据尿液培养的结果，选择合适的抗菌药物进行治疗。抗菌药物的疗程一般为 7 ～ 14 天。另外，抗生素的使用要足量，不能症状稍一好转就停药。

如何在生活中预防孩子患尿路感染

➡ 养成良好的卫生习惯

给年幼的宝宝换纸尿裤（解大便）时，应从前向后擦拭。年龄大一些的女孩能独立如厕后，应养成其便后从前往后擦的卫生习惯。

➡ 穿干净、透气的内裤

宝宝在不穿纸尿裤之后最好穿上小内裤，不要让宝宝穿开裆裤，容易增加尿路感染的风险。

➡ 保证摄入充足的水分

多喝水有利于稀释细菌，也有助于把有害细菌通过尿液"冲洗"掉。

雨滴有话说

对于小于 6 月龄且还不会表达的小宝宝，如果出现不明原因的发热或者哭闹不止，去医院就诊时建议查一下尿常规，以排除泌尿系统感染等问题。

宝宝生病不要慌，分清病症最重要

第 5 章

意外伤害不要急
正确处理最关键

跌落伤

在婴幼儿意外伤害中，跌落伤十分常见。不论是从沙发、床还是楼梯跌落，作为父母，看到孩子跌落而大哭时都会十分伤心、自责。面对从高处跌落的孩子，如何判断孩子的伤情、如何确定孩子是否需要就医、如何处理因跌落导致的伤口等问题，是每一对父母都需要知道的。

检查！

- ☐ 是否有明显的外伤
- ☐ 能否保持清醒、是否有反应、肢体能否活动
- ☐ 是否有眩晕、恶心和头痛或者呕吐的症状

需要叫救护车的情况

- ☐ 外伤明显、伤口过大、不容易止血。
- ☐ 面色发青或苍白、部分肢体不能活动。
- ☐ 孩子昏迷不醒,叫孩子的名字没有反应。
- ☐ 频繁呕吐，且呕吐为喷射状。

❗ 孩子跌伤后，在等待救护车期间，应先观察孩子的生命体征，不要随意搬动，以免其受到二次伤害。

需要就医的情况

- ☐ 变得格外嗜睡或无精打采。
- ☐ 出现持续的头痛、哭闹不止或者呕吐超过 2 次以上。
- ☐ 行走困难、走路姿势比原来笨拙、口齿不清、看不清东西。
- ☐ 在清醒一段时间后，再次出现意识障碍、抽搐或呼吸不稳定。

密切观察，第一时间要确保孩子是否在安全区域内，并在能基本确保抱起不会导致二次伤害的情况下，将他转移到柔软的床上。

① 检查孩子有没有外伤，包括皮肤、四肢、骨骼、关节和头颅。

② 皮肤有较大伤口时，一定要先止血。把干净纱布覆盖在伤口上，保持伤口清洁，马上去医院。

③ 孩子的头上或者身上有瘀肿，可以立即（24个小时之内）对伤处进行冷敷（注意冰袋和皮肤之间要隔一条毛巾，冷敷持续时间不要超过20分钟，以免因太冷导致进一步损伤），以减少局部出血肿胀。

④ 在家继续严密观察孩子24～72个小时，看是否出现一些更严重的症状。虽然这种情况非常少见，但有一些情况可能会逐渐发展为严重的颅内出血，需要重视。

! 判断孩子的精神状态和反应情况，若前往医院的路况很差或距离医院非常远，且周围又有其他诊所时，应第一时间前往或者向诊所医生求救，避免错过紧急抢救时间。

提示

孩子会翻身、会爬后，从床上或者沙发上、椅子上摔下来都是常见的事，大部分情况下都不会很严重，不一定都要上医院检查。并不是所有跌落的孩子都要做头部CT检查。孩子跌落后是否需要立即就医及做检查，需要根据具体情况而定。

雨滴有话说

1. 时刻观察孩子的精神状态，如突然萎靡不振则需及时去医院。

2. 伤口注意不要碰水，每天消毒，更换纱布。

3. 注意看护好孩子不要二次跌落。

摔伤、割伤

孩子精力充沛，爱玩、爱探索，发生磕碰在所难免。一旦出现外伤，孩子皮肤又十分娇嫩，稍不注意就可能留下疤痕。如何帮助孩子正确地处理伤口，就显得很重要。

检查！

- ☐ 是否有明显的外伤
- ☐ 伤口大小如何，摔伤部位的肢体能否活动
- ☐ 确定是割伤、刺伤，还是擦伤

需要叫救护车的情况

☐ 外伤明显、伤口过大、不容易止血。

☐ 面色发青或苍白、部分肢体不能活动。

☐ 孩子昏迷不醒，叫孩子的名字没有反应。

！ 孩子摔伤或割伤后，应及时帮他止血。在等待救护车期间，应先观察其生命体征，不要随意搬动，以免造成二次伤害。

需要就医的情况

☐ 伤口范围较大。

☐ 脸部和头部受到伤害（确认是否有颅内出血）。

☐ 伤口有异物，难以自行取出。

☐ 出血量过多，没办法自行止血。

☐ 有骨折或者脱臼的情况。

孩子摔伤后的处理方法

父母首先保持冷静，不要惊慌失措，可以在原地陪着安抚，同时寻找可止血的干净物品。

① 可用干净的水清洗伤口，清洗掉伤口上的沙粒等污物。

② 只是表面皮肤受伤，比较轻微，可在家治疗。创面有脏东西的可以用医用双氧水（过氧化氢）擦拭消毒。较为干净、伤口小的创面，可以用生理盐水或碘伏涂抹（用酒精涂抹，刺激性大，伤口疼痛感更明显，要避免使用）。

③ 必要时涂上红霉素软膏、百多邦等抗菌软膏，再用纱布或创可贴覆盖创面。

孩子伤口大量出血时的处理方法

手臂	足部	手肘
抬高手臂，并在上臂高于心脏的位置用橡皮筋或布条在出血处以上部位扎紧，阻断血流，并立即前往医院处理。	用布条扎紧出血部位，压迫止血。	用手直接按压住出血部位，压迫止血。

！ 每次用橡皮筋扎紧止血的时间不宜超过15分钟，每次止血带放松时间为3~5分钟，不然会因为血流阻断时间过长而导致肢体缺血坏死。

提示

伤口有玻璃碎片，自行处理可能会伤害宝宝的肌肉或血管，还是建议尽快到医院处理。

被钉子、刀具等刺伤，可能会感染破伤风，需要到医院打破伤风抗毒素或破伤风免疫球蛋白。

雨滴有话说

1. 要先找出是何种物质导致刺伤；处理伤口时父母要先把手洗干净，并使用消毒干净的器具。

2. 有较深、较大的伤口或面部伤口时，应前往医院找医生处理，必要时接受伤口缝合手术，以免留下过大瘢痕。

Section 03 烧烫伤

孩子天生爱探险，自我保护意识弱。在门诊中，孩子因意外伤害而就诊的情况并不少，烧烫伤等情况尤其多见。如何预防处理这些意外伤害，显得尤为重要。

检查！

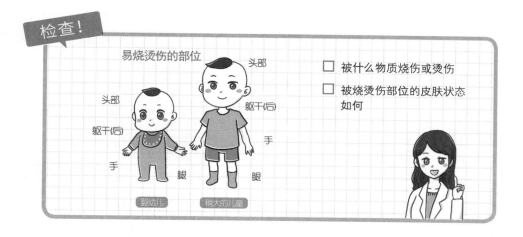

易烧烫伤的部位

- 头部
- 躯干(后)
- 手
- 腿

婴幼儿 / 稍大的儿童

☐ 被什么物质烧伤或烫伤

☐ 被烧烫伤部位的皮肤状态如何

需要叫救护车的情况

☐ 皮肤发硬、被烧黑，甚至局部碳化。

☐ 头、面部、生殖器被大量烧伤或烫伤。

☐ 孩子昏迷不醒，叫孩子的名字没有反应。

☐ 被电击烧伤且孩子暂时没有呼吸。

⚠ 婴幼儿烧烫伤后，父母应迅速地采用冷疗法，既能减轻患儿烧烫伤程度，又可迅速止痛。

需要就医的情况

☐ 烫伤后起了大量水疱。

☐ 烫伤后，皮肤大面积红肿、发热。

☐ 关节处被烫伤且无法自由活动。

☐ 由化学物质（强酸、强碱物质）引起的烧烫伤。

⚠ 不管损伤轻重，均强烈建议就医检查，避免遗漏问题而导致后遗症。

249

冲、脱、泡、盖、送，这5个是处理烧烫伤的步骤和原则。

① 冲：以流动的清水冲洗伤口 15～30 分钟，快速降低皮肤表面温度。或者也可将受伤的部位浸于冷水中泡一会儿。如果无法冲洗伤口，可用冰袋冷敷。

② 脱：充分泡湿后，再小心除去衣物，必要时可以用剪刀剪开衣服，或暂时保留粘连部分，尽量避免将水疱弄破。

③ 泡：在冷水（加冰块）中持续浸泡 15～30 分钟，可减轻疼痛及稳定患儿情绪。平时可在冰箱中准备一些冰块，以备不时之需。如果烧烫伤面积太大或宝宝年龄较小，则不要浸泡太久，以免体温下降过多或延误治疗时机。

④ 盖：将干净或无菌的纱布或棉布覆盖于伤口并加以固定，以减少外界对伤口的污染及刺激。

无菌纱布

⑤ 送：赶紧送往医院急救、治疗。

在孩子烧烫伤不严重，且皮肤没有破损的情况下，可以用美宝湿润烧伤膏或者宝树堂复方樟脑乳膏（2 岁以下禁用）涂抹患处。建议家里常备一款，以备不时之需。

提示

对于烧烫伤，学会自救和他救很重要！若处理的方法正确，烧烫伤的损伤程度就会降到最低。孩子皮肤娇嫩，皮肤表面角质层较薄，烧烫伤后很容易造成深度伤，即便治疗后也可能遗留瘢痕。一旦发生烫伤，可直接用冷水浸泡，不用脱去外衣，以争取降温时间。

雨滴有话说

烫伤后的水疱尽可能不去挑破，疱皮可以很好地保护创面。到达医院后请医生酌情处理。完整的皮肤是人体抵御细菌入侵的屏障。一旦挑破，细菌容易入侵，发生感染。也不要急着给创面抹药，滥用药物或偏方还可能使创面加深，诱发感染，甚至导致休克，危及孩子生命。

异物梗阻

孩子天生好奇心强，每年因为异物梗阻而导致婴幼儿住院取异物的现象并不少。大人的疏忽或者危险来临时处理不当，往往会对孩子造成不可逆的影响。

检查！

- ☐ 确认孩子误吞了什么东西
- ☐ 突然呛咳、呕吐、声音嘶哑、呼吸困难、面色青紫

需要叫救护车的情况

- ☐ 面色发青或苍白、呼吸困难。
- ☐ 孩子昏迷不醒，叫他的名字没有反应。

！ 孩子食物卡喉时别慌张！在救护车到来之前需要及时使用"海姆立克急救法"。

海姆立克急救法的原理：冲击腹部 - 膈肌下软组织，使腹部产生向内、向上的压力，压迫两肺下部，驱使肺部残留空气形成一股气流；这股直驱于气管的气流，能通过咳嗽，将堵住气管或喉部的食物硬块等异物驱除，使人获救。

海姆立克急救法的具体操作

首先保持冷静，不要惊慌失措，确认孩子状况后立马实施海姆立克急救法。

① 3岁以内的孩子

大人把孩子抱起来，一只手捏住其颧骨两侧，手臂贴着他的前胸；另一只手托住孩子后颈部，使其脸朝下，趴在大人膝盖上。在孩子背部两肩胛骨连线的中点拍击 1～5 次，并观察他是否将异物吐出。

！ 不可以将孩子提起来拍背！

提示

如果经过上述操作，异物没出来，就把孩子翻过来，让其躺在坚硬的地面或床板上，大人跪下或立于其足侧；或取坐位，并使孩子骑在大人的大腿上，面朝前。大人将两手的中指或食指，放在孩子胸廓下和肚脐上的腹部（两乳头连线中点偏下的胸骨段），快速向上重击压迫 5 次。要注意力度不可过猛，可反复操作，直至异物排出。

② 较大的孩子或者成人

大人站在孩子背后，用两手臂环绕孩子的腰部，然后一手握拳，将拳头的拇指一侧放在其胸廓下、肚脐上的腹部；另一手也握拳头，快速向上重击压迫孩子的腹部（位置同上）。重复以上手法，直到异物排出。该法同样适用于成人。

雨滴有话说

预防异物梗阻，需要在生活中注意以下事项：

1. 避免吞咽过量或体积过大的食物。

2. 进食时避免大笑。

3. 应将果冻、豆类、糖果、药丸、药片等放在孩子够不到的地方，避免孩子误食。

雨滴医生育儿百科

中暑

夏天气温高，孩子因中暑送入医院急救的病例也比较多。中暑是由于高温、高湿、强热辐射造成人体体温调节中枢功能障碍、电解质紊乱，从而导致循环、消化、泌尿、神经等系统出现一系列功能改变的疾病。一旦机体无法适应这种功能改变，则可能造成体温异常升高，从而引起中暑，严重者可致死。

检查！

- ☐ 是否还有意识
- ☐ 体温是否正常，是否有高热的现象
- ☐ 是否有脱水的症状

需要叫救护车的情况

- ☐ 体温超过 40℃。
- ☐ 面色苍白，意识薄弱。
- ☐ 大量出汗，并有脱水的症状。
- ☐ 呼吸和脉搏加速，甚至抽搐、昏迷。

❗ **中暑可能危及生命，要尽快请专业医疗机构救助！**

需要就医的情况

- ☐ 有呕吐症状。
- ☐ 体温升高，并伴有头痛的症状。
- ☐ 伴有面色潮红、大量出汗、皮肤灼热。
- ☐ 四肢湿冷、面色苍白、脉搏加速。
- ☐ 烦躁不安及哭闹。

!　先兆中暑及轻症中暑者常常以脱水为主要表现，如及时将孩子转移到阴凉通风处，平躺解衣，降温，补充水和盐分，可于数小时内恢复正常。补充盐水时需要注意观察孩子的尿量及尿色。

孩子中暑的处理方法

①　移至阴凉的地方；迅速降温，如浸泡、喷洒凉水或用凉水擦拭，用冰袋冷敷头部、腋下或大腿根部。一般数小时内可恢复正常。

②　同时用电扇或扇子、空调快速散热，尽快让体温降至38℃以下。孩子意识清醒时，可让其饮用淡盐水，昏迷时则不能强行喂水，以免引起气道梗阻或呕吐窒息。出现心搏骤停的，要赶紧实行心肺复苏术，同时联系120急救中心。

!　父母开车带孩子出门时，切不可将孩子独自滞留在车内，尤其在夏季高温季节，不论开窗与否，都容易导致孩子中暑。

提示

　　大量出汗导致体内盐分和水分流失。如果只是大量饮水，反而容易导致电解质紊乱，从而引起肌肉痉挛，加重乏力症状。建议少量多次补充糖盐水，每次不宜超过300ml。

雨滴有话说

　　适度穿衣，做好防晒工作，减少户外活动，高温期间打开空调，同时注意多饮水，保证水分充足，减少脱水的可能性。

关节脱臼

当穿衣服或者猛然牵拉孩子胳膊后，孩子出现哭闹不止，或者指着刚刚被拽过的胳膊说疼的时候，父母就要警惕其是否发生了关节脱臼的情况。孩子最常见的关节脱臼为桡骨小头脱位，多由前臂强力牵拉引起。因孩子年幼，韧带发育不健全，加上异常外力作用，容易引起关节脱臼。有时躯干压到胳膊也会导致关节脱臼。

检查！

☐ 孩子不肯弯胳膊，手无法抬起去摸嘴巴

☐ 按压肘关节外侧出现疼痛，但不活动、不按压
   则没有异常

☐ 局部不会出现明显红肿现象

提示

一旦发现孩子胳膊脱臼，应及时带其就医。如果疼痛难忍，可以先给孩子做夹板固定并冷敷，缓解疼痛。

出现过一次关节脱臼，很有可能再次复发。孩子5岁之后，骨骼韧带发育逐渐完善，这种情况就会极少出现。

① 用夹板、绷带、三角巾等物品轻轻固定脱臼的部位。

② 对于关节肿胀、疼痛部位，可用冰敷进行缓解。

③ 及时到专业医院进行复位治疗。

④ 根据疾病情况决定是否进一步治疗。如桡骨小头半脱位手法复位后，一般不需要后续治疗，只需要注意不要再强硬牵拉孩子前臂即可。

三角巾固定

! 不同关节出现不同程度的脱位，治疗方案和预后都是不一样的。孩子的骨骼一旦损伤，就会导致一定程度的发育异常，一定要请专科医生明确诊断，再接受相应治疗。

雨滴有话说

家庭看护中，要注意以下要点：

1. 给孩子穿衣服的时候不要用力牵扯其手臂，应让他自己慢慢活动手，从袖口伸出来。

2. 不要和孩子玩"荡秋千"游戏，即父母拉起孩子胳膊，让其双脚离开地面来回荡。

3. 任何情况下，不要强力拉拽孩子胳膊。

Section 07 骨折

孩子生性活泼好动，磕磕碰碰在所难免。但是稍不注意，可能会出现骨折，该怎么处理呢？

检查！

- ☐ 局部疼痛或有鼓包（肿胀）畸形，后期可能会红肿、发热
- ☐ 肢体表面是否有伤口、有出血
- ☐ 孩子肢体某部位是否感觉剧烈疼痛
- ☐ 孩子不让碰触疼痛部位，也不能活动

需要叫救护车的情况

- ☐ 伤口过深，肉眼可见骨头。
- ☐ 面色苍白，呼吸急促，意识薄弱。
- ☐ 头部、眼部周围、鼻子受到重击。
- ☐ 腰部、背部受到重击。
- ☐ 出血较多，难以止血。

需要就医的情况

- ☐ 受伤部位严重变形。
- ☐ 感觉剧烈疼痛且不能活动。
- ☐ 受伤处皮肤颜色改变。
- ☐ 关节处不能自由活动。

! 孩子出现任何疑似骨折的情况，都需要及时就医。

① 救护车到来前或送医前，应先对孩子伤口表面进行处理。

② 若受伤部位较多，不要随意搬动他，以防止造成二次伤害。

③ 如果怀疑骨折了，需先对孩子受伤部位进行有效固定，再移动。

❗ 出血伤口，需根据具体情况注射破伤风抗毒素。如果出血量较大，还应该及时给孩子止血和包扎，以免诱发失血性休克，加重病情。

（ 手指 ）

用绷带将木条和受伤手指固定即可。

（ 手臂 ）

将木条或木板垫在受伤手臂下，用三角巾将手臂固定住。

（ 下肢 ）

用绷带、木条或木板将受伤部位固定。足部固定时需注意关节处。

❗ 遇到颈椎骨折或腰椎骨折，切记不要轻易移动患者，应在原地等待专业的医护人员进行救护。随意移动颈椎骨折的患者，可能会导致其瘫痪。

雨滴有话说

骨折时固定的 2 个原则：

1. 找一个坚实的固体对受伤部位进行固定，且固定物需要放在肢体外侧，不要覆盖伤口。

2. 在捆绑固定物时，结不要打在伤肢上，应打在固定物上，以减少压迫伤害。

动物抓咬伤

小猫、小狗都是孩子非常喜欢的，但孩子缺乏安全意识，稍不注意接触到脾气暴躁的小动物，或是在与小动物玩耍的过程中被抓伤、咬伤，该怎么办呢？

检查！

- ☐ 伤口被抓咬伤的程度怎么样
- ☐ 是否出血
- ☐ 抓咬伤的部位主要是哪里

需要叫救护车的情况

☐ 伤口面积大，大量出血且不容易止血。

☐ 被蛇咬伤。

需要就医的情况

☐ 被动物抓咬伤后，只要有伤口，都需及时去医院检查。

孩子被动物抓咬伤后的处理方法

① 伤口清洗和消毒

非常小的伤口，可用流动的自来水清洗，也可用碱性肥皂水清洗伤口后再用清水洗净，外用碘伏消毒。

② 及时带孩子去医院接种疫苗

初步处理好伤口后，需要及时带孩子去医院或疾控部门接种狂犬病疫苗。

孩子被蛇咬伤后的处理方法

① 确定蛇的种类

记清楚或拍照记下蛇的样子和咬痕，供医生参考。

② 清洗伤口

可用碱性肥皂水或清水轻轻冲洗伤口。

③ 固定伤处，拨打急救电话

如被毒蛇咬伤，要用夹板固定住伤处，齐心脏水平保持不动。同时让孩子保持镇定，不要移动咬伤部位，防止血液循环加速导致毒液蔓延，尽快拨打 120 急救电话，必要时注射抗蛇毒血清。

! 吸出毒液、划开伤口、用止血带扎紧、挤压伤口、火烧伤口、在伤口处敷冰块，都不是科学的方法，不要用。

雨滴有话说

接种狂犬病疫苗的同时，还要注射狂犬病被动免疫制剂（抗狂犬病血清/狂犬病人免疫球蛋白）是因为：

1. 狂犬病疫苗和狂犬病被动免疫制剂是两种完全不同作用的制剂。

2. 注射狂犬病疫苗后，需要 1～2 周后才可能在体内产生抗体，这也意味着这 1～2 周空白期内没有抗体作为保护，会增加感染风险。狂犬病被动免疫制剂能立即阻断病毒进入神经系统，避免孩子在空白期内被感染。但因为狂犬病被动免疫制剂的作用时间较短，需要联合狂犬病疫苗，才能发挥最好的预防作用。

Section 09 虫咬伤

　　人在户外走，哪有不遇虫。在户外玩耍时，孩子很容易被一些蚊虫"攻击"。有些看似简单被叮了一个包，但是也有可能诱发过敏反应，甚至危及孩子的生命，所以要时刻防患于未然。

蜂叮咬后的情况

需要叫救护车的情况

☐ 被蜜蜂或马蜂蜇伤。
☐ 出现呼吸困难、发热、面色苍白。意识薄弱、大量出汗、呕吐等症状。

需要就医的情况

☐ 被叮咬后伤口红肿不退。

孩子被蜂叮咬后的处理方法

①　用消毒过的针头或者其他尖锐物品挑出毒刺，而不是拔出，否则会导致毒刺的残留毒液再次注入体内。

②　用肥皂水反复冲洗被蜇处。

③　局部红肿发痒时，可外用激素类药膏并密切观察，也可以用冰块冷敷伤口，减轻疼痛感。

④　出现皮疹等过敏反应，伴恶心呕吐、声音嘶哑、心悸憋气时，要赶紧就近就医，千万不可大意。

❗ 如果不能区分蜂的种类，则仅使用清水清洗即可。户外蜂类以蜜蜂相对常见。

261

蜱虫叮咬后的情况

需要就医的情况

☐ 被叮咬后伤口红肿不退。

☐ 全身出现发热，伴全身不适、头痛、乏力、肌肉酸痛。

☐ 伴恶心、呕吐、腹泻、厌食、精神萎靡。

孩子被蜱虫叮咬后的处理方法

① 一旦发现被蜱虫叮咬，千万不可生拉硬拽、强行拔除，或直接用工具将蜱虫摘除，也不能用手指将其捏碎。

② 蜱虫吸附在皮肤表面，可以用酒精、碘酒等涂在叮咬处；或在蜱虫旁点蚊香，使蜱虫松开它的前肢和口器，自己脱落下来。

③ 上述处理无效后，应尽快到医院请医生处理。经过消毒麻醉后，医生会通过手术将蜱虫取出。

❗ 被蜱虫叮咬后，要注意观察孩子有无发热、麻痹等全身症状，及时对症处理，不可大意。

孩子被蚊虫叮咬后的处理方法

① 用肥皂水冲洗孩子身上的蚊虫叮咬处。

② 皮肤没有破损情况，但瘙痒明显的，可以外涂炉甘石洗剂。

③ 如出现红肿时先冷敷，再涂抹弱效激素类软膏。

④ 出现水疱后不要自行抠破，避免感染。

❗ 水疱面积小于 $1cm^2$，外涂百多邦等抗菌膏药。水疱面积超过 $1cm^2$，可去医院进行消毒抽液，加上口服抗过敏药治疗。

正确防蚊有秘诀

☐ 多洗澡，勤换洗衣服，多穿浅色衣服。

☐ 家里最好安装防蚊纱窗，用蚊帐。平时保持环境整洁干净。有蚊子的时候，可用捕蚊灯和电蚊拍。

☐ 优先选择使用"无香型"且正规厂家生产的宝宝专用电蚊香。

☐ 美国国家环境保护局（EPA）明确指出，可以用在皮肤上的安全、有效的驱蚊成分只有 7 种，分别是避蚊胺（DEET）、派卡瑞丁、驱蚊酯、柠檬桉、甲基壬基甲酮、猫薄荷油和香茅油。为安全起见，最好购买含有以上成分的驱蚊产品。

提示

对付蚊虫叮咬，下面几种方法不管用：

1. 通过掐"十"字形成的疼痛感来掩盖瘙痒感，但一会儿又会发痒，掐得重了还容易损伤皮肤。

2. 擦牙膏容易引起或加重刺激，诱发过敏反应。

3. 擦母乳不管用。母乳含有大量蛋白质等营养物质，涂抹在皮肤表层，容易滋生细菌、堵塞毛孔汗腺等。一旦诱发感染，将加重皮肤的损伤。

4. 风油精含有的薄荷脑、桉叶油会对皮肤产生刺激；其中的香油精、丁香酚可能引起过敏。

5. 大部分驱蚊草是属于香叶天竺葵的植物，虽然本身含有的香叶醇、香茅醇、柠檬醛等物质确实有一定驱走昆虫的作用。可是香叶天竺葵不会主动释放这些物质，除非被虫子吃、被人们揉碎。更何况，家里空间那么大，单单靠几盆天竺葵驱蚊，不管用。

6. 驱蚊手环或手表中即使装有有效的驱蚊药物，但只能影响手腕附近，在空气流动的时候，驱蚊效果差。

Section 10 溺水

说到溺水，很多父母也许会认为只要不带孩子去水边玩，就不会有溺水的危险。实际上，盛满水的澡盆、很浅的水盆及水桶都有可能导致孩子溺水。

检查！

- ☐ 是否还有意识（呼叫孩子的名字是否有回应）
- ☐ 是否还有呼吸（观察胸廓是否有规律地上下起伏）
- ☐ 是否还有脉搏

需要叫救护车的情况

- ☐ 呼吸微弱，面色苍白，意识丧失。
- ☐ 拍打孩子的肩膀、呼叫名字没有回应。
- ☐ 心脏停止跳动。

! 在救护车到来之前，需要及时给孩子做人工呼吸和胸外按压。

可以确认孩子安全的情况

- ☐ 意识清醒。
- ☐ 大声哭泣，且声音洪亮。

! 持续观察孩子的情况，如不放心，可带孩子去医院做进一步的检查。

在孩子还有一定意识的情况下：

① 让孩子将呛入的水吐出

婴儿溺水的情况

幼儿溺水的情况

　　将宝宝放置在大人一只手臂臂弯处，扶住宝宝的身体，面部朝下。另一只手用空心掌用力拍击其背部，促使宝宝将呛入的水吐出来。

　　大人可半蹲在地面，让孩子的腹部趴在半蹲的那条腿上，面部朝下；一只手扶住孩子，另一只手用空心掌用力拍击孩子的背部，促使孩子将呛入的水吐出来。

② 及时更换衣物并保暖

　　快速给孩子换上干的衣物或盖上毯子。若孩子呼吸很微弱或无呼吸，大人应及时进行心肺复苏术，同时拨打 120 急救电话，尽快送去医院抢救。

提示

　　建议父母从小给孩子做安全教育，有条件的家庭应让孩子从小学习游泳。父母可以通过绘本、游戏与孩子反复强调，不可去危险的水域游泳或玩水。
　　遇见有人落水，即使自己会游泳，也不能入水救人，应立即向大人求助，并拨打 110 报警电话和 120 急救电话。

意外伤害不要急，正确处理最关键

11 | 误食、误服

每年都有很多小于6岁的孩子因服用或者接触有毒、有害物质而送入急诊的情况，但大多数孩子不会出现永久性损害。及时接受急诊治疗的孩子，一般预后良好。如果发现孩子异常，就需要警惕了。

检查！

- ☐ 衣物上有奇怪污物
- ☐ 嘴巴有灼伤，流口水，呼吸时有奇怪的味道
- ☐ 恶心呕吐，没有发热，腹部疼痛、痉挛
- ☐ 呼吸困难、惊厥，甚至丧失意识
- ☐ 突然有异常嗜睡、烦躁不安等情绪变化

需要叫救护车的情况

- ☐ 意识丧失。
- ☐ 口吐鲜血或泡沫。
- ☐ 误服农药等剧毒物质。

需要就医的情况

- ☐ 误服药物。
- ☐ 误食过期食品。
- ☐ 误服洗涤剂等其他物质。

❗ 不管孩子误食、误服了什么，除了密切观察孩子的情况，还应该抓紧时间将其送到医院救治。

孩子误食、误服的处理方法

在孩子还有一定意识的情况下：

① 不要一味责骂孩子。有的孩子因为害怕，反而不敢说出实情，应尽快弄清楚他服用了什么，以及服用时间长短和剂量。

② 在误服维生素、止咳糖浆量不多的情况下，嘱其多饮水并观察。如果还是不放心，可选择就医咨询。

③ 如果家离医院近，可鼓励孩子主动吐出口中药物，不要催吐和喝任何液体，并保留好这些吐出的东西，整理药物和包装，立即送往医院，对医生判断病情非常有帮助。

④ 美国儿科学会明确提出：催吐非常危险，千万不要刻意让孩子呕吐。强酸如洁厕灵、强碱如洗碗液、化工液体、水银计的液态汞、粉状物等，用抠喉等方法使这些物质吐出，易导致咽喉部、消化道二次损伤，进一步伤害身体。而且，如果在催吐的过程中发生呛咳等，呕吐物被呛入气管，引起窒息的风险更大。

如何预防孩子误服药物

☐ 任何情况下都不要骗孩子服药是在吃糖果，年龄小的孩子可能信以为真，会偷吃药物。

☐ 反复检查药盒子上的标签，确保自己给孩子喂的是正确的药物和正确的剂量。

☐ 不要当着孩子的面服药，年龄小的孩子可能会模仿成人。

☐ 把所有的药物放在孩子够不到的高柜中或锁起来，这是最好的预防方法。

意外伤害不要急，正确处理最关键

Section 12 触电

随着生活水平的提高，家中的电器越来越多。孩子好奇心强烈，对于插座、插孔等物品十分感兴趣，稍不注意，就可能因为触电而受伤。近些年，户外喷泉触电的现象越来越多，父母带孩子游玩的过程中应该十分注意。

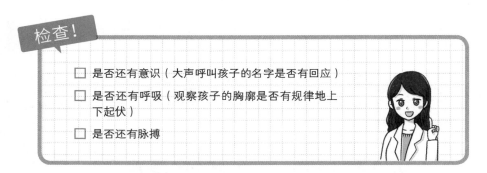

检查！

- ☐ 是否还有意识（大声呼叫孩子的名字是否有回应）
- ☐ 是否还有呼吸（观察孩子的胸廓是否有规律地上下起伏）
- ☐ 是否还有脉搏

需要叫救护车的情况

- ☐ 呼吸微弱，面色苍白，意识丧失。
- ☐ 拍打孩子的肩膀、呼叫名字没有回应。
- ☐ 心脏停止跳动。

! 面对呼吸或心搏骤停，都要立即实行心肺复苏术，并同时拨打120急救电话。

需要就医的情况

- ☐ 呼吸微弱、意识模糊。
- ☐ 脸色苍白、心悸、四肢无力。
- ☐ 触电位置被烧伤。

! 孩子神志清楚，电击伤势看起来比较轻时，要确认其他部位是否有烧伤。电击能造成内部脏器损伤，外表却看不出来。所以，明显遭受电击的孩子，都应该就医做进一步检查。

雨滴医生育儿百科

孩子触电的处理方法

① 尽快切断电源，并用干燥的木棍、木棒等不导电的物体挪动孩子，尽快使孩子脱离电源。施救者要注意救护的方式，防止自身触电。

② 触电后，如果孩子神志清楚且呼吸、心跳有规律，父母应让孩子就地平躺，并留心观察。暂时不要让孩子起身走动，防止继发休克或心衰。

把孩子和电源分开！

雨滴有话说

1. 从孩子懂事起，父母就要利用做游戏、读绘本等方式反复教他不能触摸带电物体，更不能用手触摸电线、插头。

2. 定期检查家中的电线安全，孩子能触摸到的插座都要套上专用的绝缘塑料罩，最好将排插放在孩子碰触不到的地方。

3. 孩子处于有潜在危险的触电区域时，必须有大人陪同。如浴缸、水槽、水池旁边的小型家用电器，要特别小心。

意外伤害不要急，正确处理最关键

昏迷

孩子遇到跌落、溺水、触电等意外伤害时，有可能出现突然倒地昏迷、颈动脉搏动消失、没有呼吸及心跳的情况。父母应及时给孩子实施心肺复苏术，这是能够将孩子从"死神"手里救回来的关键一步。

胸外按压：

　1 岁以上

将一只手的手掌根部放在孩子胸骨中下1/3的交界处，快速用力下压3～5cm。每次按压后要让胸部回弹至正常位置后，再接着按压，达到1分钟按压100～120次。

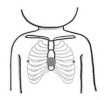

❗ **手掌根部不要只接触肋骨，要按压胸部下半部，即胸骨下部与两乳头连线的交点处。**

　1 岁以下

站着或双膝分开跪在婴儿肩膀和胸侧，食指与中指并拢，在孩子两乳头连线中点处垂直进行胸部按压。按压深度约为3cm。每次按压后要让胸部回弹至正常位置。

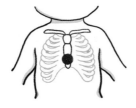 

❗ **每隔2分钟检查一下孩子的呼吸和脉搏，如果有反应，立刻停止胸外按压。**

270

开放气道：

让孩子仰躺在坚固、平坦的地面，用仰头抬颏法开放气道。用手掌扶住孩子的前额，用力向下压，另一只手的两指（食指与中指并拢）放在孩子下巴下方（下颌骨上方），使下巴向上抬起，有助于开放气道。

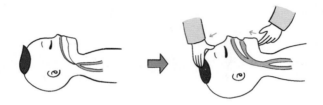

开始人工呼吸：

捏住孩子的鼻子，口对口或口对口鼻，如图用自己的嘴轻轻地盖住他的嘴，然后缓慢向他口中送气2次，并确保每次送气都能看到他的胸部稍微隆起。

! 吹1次气后马上松开孩子的鼻子，观察其胸廓是否有上下起伏变化。有变化，说明人工呼吸有效。吹气频率与胸外按压频率相匹配，一人操作时按2：30，即每分钟吹气2次，按压30次；两人操作时按1：15。反复交替进行。孩子恢复自主呼吸之前或者医生到来之前，不要停止心肺复苏。

复苏体位：

经过心肺复苏后恢复呼吸和心跳，但未恢复意识时，孩子可能会出现呕吐或者呼吸困难的情况，这是正常现象。这时可将孩子脸部略微朝下，确保没有异物堵住或遮住口鼻，以复苏体位来帮助孩子打开气道。

心肺复苏术的步骤

孩子
昏迷了！

反应确认

　　反复大声地呼喊孩子的名字，并用力拍打孩子的肩膀，确认其还有没有意识。

如果孩子有反应

　　检查孩子是否有致命的外伤后再决定是否拨打120急救电话。如果孩子有出血的情况，先给予止血。

若孩子没有反应

寻求帮助

　　请立即拨打急救电话，如果身边有其他人，可请求他人帮忙拨打。

　　如果孩子呼吸停止，请确保孩子的气道通畅并拨打急救电话。

若孩子没有呼吸

检查孩子的呼吸

　　观察孩子的胸部，看胸廓是否有呼吸运动。另外，还可以将耳朵贴在孩子口鼻处，感觉是否有呼吸。

孩子呼吸停止（心跳停止）且没有意识

配合人工呼吸

　　在确保孩子气道通畅之后，在进行胸外按压的同时也要进行人工呼吸。在救护车到来之前，持续为孩子进行心肺复苏直到恢复呼吸和自主心跳。

确保气道通畅

胸外按压

　　快速且用力按压胸部，每分钟 100 ~ 120 次。根据孩子年龄，每次按压应使胸部下陷 3 ~ 5cm。

人工呼吸 2 次　　**＋**　　胸外按压 30 次

依次循环

全球儿童安全组织的相关调研数据显示：61.2％的儿童意外伤害发生在家里。

据统计，在家中，儿童经常发生的意外伤害及发生率分别为：跌倒／坠落 25％，烧伤／电伤 16.7％，锐器伤 9.1％，溺水 5.0％，中毒 2.6％等。

根据孩子受伤的种类，给大家整理以下预防及提醒事项：

一、夹伤

◆ 危险物品

抽屉、柜门、房门、盒子等。

◆ 预防措施

1. 可能夹伤孩子的所有抽屉、柜门、大门等都装上儿童安全锁或者防夹伤装置。

2. 眼镜盒、饰品盒之类的小盒子都要收好，最好是锁起来。

3. 各种门要备好备用钥匙，放置在客厅某处且孩子拿不到的地方，防止他将自己反锁在房间。

二、跌伤、坠楼危险

◆ 危险物品

椅子、床、楼梯、窗台、阳台等较高的地方。

◆ 预防措施

1. 不让孩子在床上、沙发上弹跳，或站在高椅子上。

2. 窗户、阳台门要有锁，最好安装安全护栏。

3. 注意窗户、阳台栏杆间的宽度，以免孩子将头及四肢伸到里面被卡住，特别是隐形窗户。

4. 不要带孩子到尚未装修完成的施工现场和场所，不要带孩子去看新房，这些场所往往有很多安全隐患，防不胜防。

三、烧烫伤

◆ 危险物品

烧水壶、热水瓶、饮水机、有开水的杯子、燃气炉、电饭锅、打火机等。

◆ 预防措施

1. 做菜时尽可能关上门，不要让孩子进入厨房。

2. 热的食品和液体不要放在桌子边缘，不要把它们放在桌布或桌垫上。

3. 微波炉、烤箱等电器最好放置在高处或者用专用门扣扣好。

4. 家用食品加工电器，如豆浆机、榨汁机等工作时，大人不能离开；若有事需要暂时离开，必须关闭电器电源后再离开。

5. 饮水机最好用有安全门的，不用时用儿童安全锁锁上。

6. 餐桌上最好不用桌布，防止孩子拉扯后被热菜、热饭、热水烫伤。

7. 打火机、火柴、蜡烛等物品要放到孩子拿不到的地方。

8. 洗澡时澡盆里要先放冷水，再放热水，防止烫伤。

四、吞咽异物

◆ 危险物品

扣子、电池、硬币、小磁铁、笔帽、曲别针、发夹、玩具小部件等可能被孩子吞咽的小东西；瓜子、小豆子、果冻等食物；容易被孩子误服的药品。

◆ 预防措施

1. 把这些小部件都锁起来或者放置高处，确保孩子爬上椅子也拿不到。

2. 不玩可拆卸小零件的玩具时也要收好，并放在孩子拿不到的地方。

3. 孩子在吃坚果、果冻、瓜子时，大人一定要在身边照看，果冻、坚果要切成小碎块吃。

4. 将药品收到孩子拿不到的地方。

五、溺水危险

◆ 危险物品

洗衣机、浴缸、马桶、水桶、水盆、金鱼缸等盛水的容器。

◆ 预防措施

1. 卫生间浴室门装上儿童安全锁，不用时锁好。千万不要将孩子单独留在卫生间，哪怕只需离开 1 分钟。

2. 孩子洗澡时，大人不离身。洗澡后一定要及时将水放掉，关好浴室门。

3. 及时倒掉储水桶里的水或者泡脚桶里的水，千万不要认为就只有一点水没有关系，高于 10cm 的水深，都可能造成孩子溺水。

4. 洗衣机在工作时要让孩子远离；不用时拔掉电源，盖好盖子，最好装上儿童安全锁。

5. 孩子在游泳时，大人需时刻盯着，不要只顾玩手机。

六、刺伤、割伤

◆ 危险物品

剪刀、水果刀、菜刀、针类、筷子、叉子、竹签等。

◆ 预防措施

1. 上述物品都要收好，比如水果刀用完要立即收起来。

2. 不要让孩子在吃饭时拿着筷子、勺子、叉子等到处跑。

3. 竹签串着的食物要卸下来再给孩子吃。

4. 搅拌机、豆浆机等带有刀片的厨具，用完需拔掉电源并放在安全的地方。

七、中毒危险

◆ 危险物品

家中所有储存的药物或含化学制剂的物品，如灭蟑螂药、洗涤剂、洁厕剂、消毒水、水银温度计、化妆品、美术用品，以及过期霉变的食物和干果等。

◆ 预防措施

1. 上述物品收好，不要在哄孩子吃药时说药是糖果。

2. 注意食物的保质期，不要吃霉变的食物。

3. 化妆品收好，避免孩子模仿大人使用。

4. 过期和不用的药品及化学用品要及时扔掉。

第 **6** 章

要想宝宝免疫好
接种疫苗不能少

什么是疫苗

即便是新手父母，也知道宝宝一出生就要注射乙肝疫苗和卡介苗，用来预防乙型肝炎和结核病。

疫苗作为人类发展史上最伟大的发明之一，已经成为人类繁衍生息中与传染性疾病作斗争的最有效措施。

宝宝出生以后，脱离了母体安全的环境，就会接触到各种各样的传染病和病毒。只有提前形成对抗病毒的免疫力，才能保护他们健康地发育成长。疫苗，就是保护宝宝的第一道防线。

接种疫苗能预防疾病吗

答案是肯定的。

传染病是由病原体引起的。当病原体侵入机体后，可产生两种情况：一是机体抵抗力强，杀灭了侵入的病原体敌人，保护了身体安全；二是机体缺乏抵抗力，病原体敌人侵入后，引发疾病。

人体在与疾病作斗争的过程中，会产生特异性免疫反应。在传染病的防御性免疫中，由于病原体的性质不同，有的是抗体起作用，有的是特异性 T 淋巴细胞和 B 淋巴细胞起作用，有的则是两者共同抵御外来侵略者。比如患过麻疹的人，一般不会再患上这种病。同理，通过接种疫苗，就可以使人们不再患上这种疾病，或者即使得了这种疾病，症状也会轻一些。

专家把毒性很强的细菌或病毒进行科学处理，使其变成无毒或毒性极微的各种疫苗，再应用到人体身上，让机体识别它们，并激活免疫系统，产生专门的"卫兵"（抗体和免疫细胞），来抵抗这些病毒或细菌的入侵。这就是用类似"弱毒制强毒"的方法，帮助人体产生对抗传染病的抵抗力。

也许又有父母会问："为什么有人接种了狂犬病疫苗，但还是患上了狂犬病？"

接种过疫苗还得病的原因

① 没有及时、规范地处理伤口

狂犬病毒往往是通过被咬伤的伤口入侵人体，病毒在伤口处停留时间大约为 12 个小时，使用肥皂水和流动水交替冲洗伤口 15 分钟以上，并用碘伏消毒。

② 疫苗质量不佳

疫苗有效期已过，疫苗储藏温度过高或过低，或液体疫苗发生冻结，都会影响疫苗的质量。

③ 没有及时接种

狂犬病血清可以直接中和狂犬病病毒，抗狂犬病血清应用得越早，效果越好。

④ 随意增减接种剂量或改变注射时间

有些疫苗的接种需要多次完成，才能达到真正免疫的目的，这就是所谓的"加强免疫"。如果半途而废，发病概率会提高。

我国狂犬病疫苗有 2 种程序，需全程完成接种。

"5 针法"：0、3、7、14、28 天注射。

"2-1-1"程序：被咬伤当天接种 2 剂，第 7、21 天再分别接种 1 剂。

接种疫苗的重要性

经常有老人在诊室里说："我们小时候没有接种过疫苗，现在不也活得好好的吗？"确实，疫苗的出现时间不算长，才短短 200 年左右，以至于到现在，还是有部分人对于疫苗能预防疾病这件事持怀疑态度。

但大量事实表明，疫苗的出现有效地阻止了大部分病毒的传播和发展。人类历史上，18 世纪，欧洲天花蔓延，死亡人数曾高达 1.5 亿。可以说，天花是当时传染性最强、死亡率最高的传染病之一。即便是幸存下来的人，也会留下严重的后遗症。

1798 年牛痘疫苗的出现，彻底消灭了天花病毒。1980 年，世界卫生组织正式宣布"地球上的人类已免于天花疾病的伤害"，这是人类对传染病进行人工免疫最好的一次范例。

脊髓灰质炎也叫小儿麻痹症，危害性很大，一旦患病，重者死亡，轻者残疾。我国曾经有很多儿童因患此病而留下终身残疾的遗憾。但口服脊髓灰质炎病毒活疫苗（又称"糖丸"）面世后，大大降低了脊髓灰质炎在我国的发病率。

什么是灭活疫苗、减毒疫苗

带孩子接种疫苗时，经常会听到"灭活疫苗""减毒疫苗"两个词，它们之间究竟有什么区别呢？

➡ 灭活疫苗

灭活疫苗又称死疫苗，是指采用物理或化学方法杀死病原生物所制备的一种用于预防接种的生物制品。

灭活疫苗稳定性更好，容易保存，而且安全性更高，不会引发疾病。

灭活疫苗接种 1 次，不能产生具有保护作用的免疫，仅仅是"初始化"免疫系统，必须接种第二次或第三次后才能产生保护性免疫。由于接种灭活疫苗产生的抗体滴度随着时间流逝而下降，因此，有一些灭活疫苗需要定期加强接种。

因灭活疫苗在体内不能复制，所以可以用于免疫缺陷者。目前，我国使用的灭活疫苗有百白破疫苗、流行性感冒疫苗、狂犬病疫苗等。

➡ 减毒疫苗

减毒疫苗又称减弱疫苗、活疫苗，是指用物理、化学或生物学方法使活的病毒、细菌或寄生虫的毒性降低而制备的疫苗。

减毒疫苗保持了病原体的抗原性。接种减毒疫苗后，病原体可以引发机体产生免疫应答，刺激机体产生特异性的记忆 B 淋巴细胞和记忆 T 淋巴细胞，起到获得长期或终生保护的作用。

减毒疫苗通常不会引起疾病的发生。与灭活疫苗相比，减毒疫苗免疫力强、作用时间长，往往只需要接种 1 次。

但减毒疫苗具有潜在的致病危险。接种减毒疫苗，会使身体经历一次类似轻型自然感染的过程，这时会产生与疾病类似的症状，比如发热等，但这不是真的发病。待症状缓解后，机体自然就产生了抗体。

减毒疫苗性质不稳定，容易受到温度、光照等条件的影响。目前已经在临床上使用的减毒疫苗有麻疹减毒活疫苗、甲肝减毒活疫苗、乙型脑炎减毒活疫苗、口服脊髓灰质炎病毒活疫苗等。

疫苗分类	灭活疫苗	减毒疫苗
优点	1. 安全性好 2. 疫苗相对稳定 3. 易保存，4℃的环境下可保存 1 年以上	1. 接种 1 次即可，且接种量少 2. 可诱发体液免疫和细胞免疫，免疫相对全面 3. 免疫维持时间可达 1 ～ 5 年或更长
缺点	1. 接种次数需 2 ～ 3 次，相对较多，且接种量大 2. 只引起体液免疫，免疫类型相对单一 3. 免疫维持时间相对较短	1. 有毒力回升的危险，对免疫缺陷者不利 2. 性质相对不稳定 3. 不易保存，4℃的环境下可存活 2 周，真空冻干可长期保存
接种反应	可能出现发热、全身或局部肿痛等反应	可在体内增殖，类似轻型感染或隐形感染

接种减毒疫苗与灭活疫苗的注意事项

◆ 两种灭活疫苗或一种灭活疫苗与一种减毒疫苗接种，可以不考虑时间间隔，既可以同时接种，也可以间隔任意时间接种，有的医生会建议间隔 7～14 天。

灭活疫苗无需考虑接种间隔时间，一般不干扰其他灭活疫苗或减毒疫苗的免疫应答，也不会增加不良反应。建议间隔 7～14 天，主要是考虑异常反应。短时间内接种两种不同的疫苗，假如发生过敏性皮疹等异常反应，就很难判断是哪一种疫苗引起的，容易影响后面这两种疫苗的接种。

◆ 两种不同减毒疫苗不可以同时接种，应至少间隔 28 天。

如果同时接种 2 种不同的减毒疫苗，第一种疫苗可能会抑制第二种疫苗的作用，降低第二种疫苗的保护效果，因此需要间隔至少 28 天。

比如孩子今天接种了流行性感冒灭活疫苗，可以同时接种灭活的 13 价肺炎疫苗或者另一种减毒水痘疫苗。但要是选择减毒的鼻喷流行性感冒灭活疫苗，就要间隔 28 天再接种水痘疫苗和麻腮风等减毒疫苗。

什么是群体免疫

现在的交通极为便利，整个世界就像一个大家庭一样，这些病原体可以随时跨越地理疆界，感染缺乏保护的人群。如 2020 年年初，新型冠状病毒全球爆发。

麻疹病曾经在美国传播得非常广，经过多年的治疗和预防性措施，美国曾经在 2010 年宣布彻底消灭了麻疹病毒。然而在 2014 年，美国又爆发了大规模的麻疹病传染，这正是一些漏种麻疹疫苗的人感染所致。

这也是大家在乘坐飞机出境和入境时需要做简单身体检查的原因之一。

什么是群体免疫

群体免疫是指通过接种疫苗人群达到一个阈值，也就是说获免疫人群要足够多且达到一定的比例，才能有效地打断疾病从一个人传染到另一个人的接力，中断感染链，从而保护少数不能接种疫苗的人群。

简单来说，就是当有足够多的人对某一类传染病有免疫力时，就会阻止传播，为同一群体内没有免疫力的人提供保护。但前提条件是接种疫苗并获得抵抗力，还要保证足够多的人数。如果只是想通过自然感染疾病获得群体免疫，那是骗人的做法，目前还没有成功的先例。

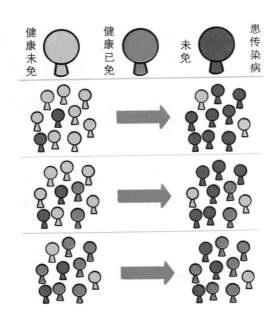

和群体免疫密切相关的数值是基本再生数（Basic Reproduction Number），简称为"R0"，也叫阈值[6]。

R0值代表在完全没有疫苗保护的群体中，一位患者能将这个病传染给几个人。数值越大，防止扩散要达到的阈值就越高。

比如麻疹病毒通过空气传播，传染性强，相对应的R0值在12～18，保护社群免疫阈值大约需要95%。

当群体内有85%～95%以上的人接种了麻疹疫苗，就可以产生群体免疫，阻断麻疹在人与人之间的传播。因此，我们一直在宣传接种疫苗的好处。个人自然感染麻疹虽然也会获得永久免疫力，但会经历不必要的危害，甚至导致死亡，给家庭带来痛苦，也给社会公共医疗造成原本可以避免的压力。

雨滴有话说

对于疾病的预防，我们除了要考虑个体，还要考虑群体。如果群体的免疫屏障没有形成，那么很多已经消失的疾病可能会卷土重来。

📖 参考文献

[6] 無定著.概念陷阱：病死率、R0和群体免疫 | 大象公会 [EB/OL]https://mp.weixin.qq.com/s/85A2Nkdf9BKRV1Yd5Ie5pQ2020，3.24

一类疫苗和二类疫苗的区别

按照我国颁布的《疫苗流通和预防接种管理条例》，可知我国的疫苗分为两类，即一类疫苗与二类疫苗。

经常遇到很多父母向我咨询每种疫苗的区别，"除了必须要打的一类疫苗，二类疫苗是不是不需要接种？"有些父母还会认为只需要接种免费的就行了，自费的太贵，没必要。但是一类疫苗和二类疫苗究竟有什么区别，大多数父母并不知道。

在这里，针对我国需要强制和推荐免疫的一些疫苗作简单的介绍，让父母带孩子接种疫苗时少些困惑。

疫苗分型	一类疫苗	二类疫苗
定　义	政府免费向公民提供，公民应当按照政府的规定受种的疫苗	由公民自费并且自愿受种的其他疫苗
费　用	免　费	自　费
常见种类	乙肝疫苗、卡介苗、脊髓灰质炎疫苗、百日咳疫苗、麻腮风疫苗、白破疫苗、甲肝疫苗、流脑疫苗、乙脑疫苗，以及在重点地区对重点人群接种的出血热疫苗、炭疽疫苗和钩端螺旋体疫苗	流感疫苗、水痘疫苗、B 型流感嗜血杆菌疫苗、口服轮状病毒疫苗、肺炎疫苗等

定期接种

卡介苗

灭活疫苗

皮内注射

可预防疾病

是用于预防和减轻儿童患重症结核病的重要手段，对如结核性脑膜炎、血行播散型结核病这两种疾病的发病率有明显的抑制作用。

出生 24 个小时内及时地注射卡介苗就能够有效预防。

不能以接种后是否留有"痘痕"作为接种成功与否的判定标准。

定期接种

乙肝疫苗

基因重组

肌内注射

可预防疾病

乙肝的感染途径主要是血液和体液。在乙肝流行地区，母婴传染和儿童时期接触传染为主要感染途径。

乙肝疫苗用于防止婴幼儿感染乙肝病毒及其相关疾病。乙肝疫苗全程免疫共需要接种 3 针，分别在 0、1、6 月龄各接种 1 针。新生儿出生 24 个小时内接种，越早越好。

定期接种

脊髓灰质炎疫苗
（IPV/bOPV）

减毒或灭活疫苗

口服或皮下注射

可预防疾病

脊髓灰质炎是由脊髓灰质炎病毒引起的急性传染病，患者大多会出现迟缓性神经麻痹而留下瘫痪的后遗症，多发于 5 岁以下的儿童。

及时地进行脊髓灰质炎疫苗接种，是确保孩子免于感染的重要手段。

接种脊髓灰质炎减毒疫苗，强烈建议选择灭活疫苗，不要选择减毒的。

定期接种

百白破疫苗

灭活疫苗　肌内注射

可预防疾病

百白破疫苗由预防 3 种传染性疾病的疫苗联合制成，不需要接种 3 次疫苗，只需要接种 1 针即可，减少接种的次数，也减少了接种后副作用发生的次数。

保护率可达 80% 以上，效果持续。

定期接种

麻腮风三联疫苗

减毒疫苗

皮下注射

可预防疾病

预防风疹、麻疹和流行性腮腺炎。

由于儿童自身免疫力比较弱，聚集性也比较强，在学校学习期间有形成大范围爆发的风险，所以需要及时接种相关疫苗。

麻腮风疫苗有自费和免费两种，选择免费的即可。

定期接种

乙脑疫苗

减毒或灭活疫苗　皮下注射

可预防疾病

乙脑，是由蚊虫叮咬而发生的侵害中枢神经的流行性乙型脑炎传染病。接种乙脑疫苗是预防此病的最佳措施。

需要注意的是，乙脑疫苗接种在流行季节到来前 1 个月完成，才能起到最好的免疫效果。

优先选择乙脑减毒疫苗接种。

定期接种

甲肝疫苗

减毒或灭活疫苗　皮下注射

可预防疾病

儿童是甲肝的易感染人群之一，儿童与易感染的儿童父母都需要及时地注射甲肝疫苗以保证健康，抗体阳性率可达 98% ~ 100%。

甲肝疫苗分为减毒（免费）和灭活（自费）两种，都对该病毒具有免疫能力，父母可根据经济情况自主选择。

流脑疫苗

多糖
或
结合疫苗

皮下注射

流脑是由脑膜炎双球菌感染引起的化脓性脑膜炎，主要通过飞沫传染，冬、春季常见。接种后需至少1个月才能产生抗体，建议在10月左右接种，保护率达85%～100%。

目前用于预防脑膜炎双球菌感染的疫苗有多糖疫苗和结合疫苗，多糖疫苗有A群、A+C群、A+C+Y+W135群3个品种，结合疫苗有A+C群结合疫苗。

名　称	类　别	接种程序
A群流脑多糖疫苗	一类	婴儿在6～18月龄接种第一、二剂次（2剂间隔时间不得少于3个月）
A+C群流脑多糖疫苗	一类	适用于2岁以上的人群 接种过1剂A群流脑多糖疫苗再接种此疫苗，需间隔至少3个月；接种2剂次A群流脑多糖疫苗再接种次疫苗时，需与最后一剂次的时间间隔不得少于1年；在儿童满3岁、6岁各接种1剂次（2剂间隔不少于3年）
A+C群流脑结合疫苗	二类	主要用于2岁以下儿童，用于替代6月龄、9月龄应接种的A群流脑多糖疫苗　推荐
A+C+Y+W135群流脑多糖疫苗	二类	2岁以上儿童和成人各接种1剂　推荐

强烈建议用A+C群流脑结合疫苗替代婴幼儿时期要接种的A群流脑多糖疫苗；4价流脑多糖疫苗替代3岁和6岁要接种的A+C群流脑多糖疫苗。免费的流脑疫苗制作工艺落后，效果不好，持久性差。

　　值得注意的是，疫苗的分类不是一成不变的。例如，曾经是第二类疫苗的甲肝疫苗、麻风疫苗、乙脑疫苗和流脑疫苗等，均已被陆续纳入一类疫苗范围内。

　　我国目前正在完善国家免疫规划疫苗调整机制，目的主要是逐步推动将安全、有效及财政可负担的第二类疫苗纳入国家免疫规划，使群众享受到更加优质的接种服务。

二类疫苗的种类

任意接种

Hib 疫苗

灭活疫苗　　皮下注射

可预防疾病

　　Hib 疫苗又称 B 型流感嗜血性杆菌混合疫苗。Hib 可导致多种传染性疾病，如脑膜炎、肺炎、蜂窝组织炎、心包炎、脊髓炎等。接种后保护率超过 95%。

　　Hib 是中国儿童呼吸道疾病的首位致病菌，强烈推荐接种该疫苗，以防感染。首选五联或四联联合疫苗。

任意接种

手足口疫苗

灭活疫苗　　皮下注射

可预防疾病

　　患手足口病的儿童会在手、足、口等部位出现疱疹，少数会引发心肌炎、肺水肿等严重并发症，只有极少数死亡病例。

　　该疫苗仅能预防一部分因感染 EV71 病毒引起的手足口病，但是因为重症手足口病中有 50%～ 80% 是由该病毒引起的，所以及时接种非常重要。

任意接种

水痘疫苗

减毒疫苗　　皮下注射

可预防疾病

　　水痘是由水痘 – 带状疱疹病毒引起的一种高传染性急性呼吸道疾病，表现为出疹、头痛、发热，部分可并发肺炎、脑膜炎。

　　目前没有治疗水痘的特效药，接种疫苗是唯一有效的预防方法，保护率达 95% 以上。

任意接种

肺炎球菌疫苗

灭活疫苗

皮下注射

可预防疾病

肺炎是导致 5 岁以下儿童死亡的主要原因，每年全世界约有 100 万名孩子因肺炎死亡。美国在推广接种 13 价肺炎球菌疫苗后，严重肺炎的发病率降低 88%。

还有一种 23 价多糖疫苗，适用于 2 岁以上易感人群，常规接种 1 剂。

在国产 13 价肺炎球菌疫苗上市前，我们给孩子接种主要依赖于进口疫苗。但进口疫苗在我国适用于 1.5 ～ 15 月龄的健康宝宝，接种年龄比较局限。

国产 13 价肺炎球菌疫苗上市后，婴幼儿最早 1.5 月龄就可以接种，共接种 4 剂次；半岁到 1 岁接种 3 剂次；1 ～ 2 岁需接种 2 剂次；2 ～ 6 岁只需要接种 1 剂次。3 种肺炎球菌疫苗的接种人群区别如下：

疫苗类型	疫苗来源	接种人群
13 价肺炎球菌多糖结合疫苗	国产 13 价	6 月龄至 5 岁
	进口 13 价	
23 价肺炎球菌多糖疫苗	国产 / 进口	2 岁以上的疾病易感人群

任意接种

五联疫苗

灭活疫苗

皮下注射

可预防疾病

五联疫苗是由吸附无细胞百白破和灭活脊髓灰质炎联合疫苗（DTaP - IPV）和 B 型流感嗜血性杆菌结合疫苗组成的联合疫苗。

五联疫苗能让孩子少受罪，父母少跑腿，强烈推荐。首选大腿前外侧肌肉注射，手臂三角肌亦可。

前 3 剂接种要间隔大于 28 天，第 3 ～ 4 剂最短接种间隔为 6 个月。如果 6 月龄内接种过 3 次百白破疫苗和脊髓灰质炎疫苗，没有必要接种五联疫苗，可以选择在 18 月龄用五联疫苗代替百白破疫苗。

任意接种

流感疫苗

灭活
疫苗

皮下注射

可预防疾病

流感病毒分甲、乙、丙3种血清型，其中甲型易导致大流行，估计每隔10～15年爆发1次。发病时，主要表现为发热、头痛、乏力、咽痛。儿童在感染流感病毒后，容易引发肺炎、中耳炎等并发症，严重者甚至死亡。

每年10月之前，及时接种流感疫苗，能有效保护自己及家人不受感染。由于流感病毒本身变异很快，因此需要每年接种。

2020年9月，市面上新增一款3价鼻喷流感疫苗，为害怕打针的孩子带来了"福利"。

鼻喷流感疫苗，顾名思义，就是通过鼻喷给药的方式，让疫苗通过鼻黏膜吸收进入体内，从而产生黏膜免疫、体液免疫和细胞免疫，达到消灭病毒、预防流感的目的。

和大家熟悉的肌肉注射方式不同，鼻喷流感疫苗使用的是"黏膜接种"技术。利用疫苗盒子里的鼻喷装置，接种时只需要在孩子2个鼻孔内各喷0.1ml，即完成接种。

鼻喷流感疫苗与注射流感疫苗的区别如下：

区别内容	鼻喷流感疫苗	注射流感疫苗
适应人群	3～17岁人群	所有≥6月龄人群
接种方式	鼻黏膜接种	肌肉注射
禁忌证	鸡蛋过敏者，妊娠期女性，阿司匹林或含阿司匹林药物质量Leigh综合征患者，免疫功能低下、缺陷者，或正在接受治疗者，鼻炎发作时	妊娠期女性，阿司匹林或含阿司匹林药物质量Leigh综合征患者，免疫功能低下、缺陷者，或正在接受治疗者
不良反应	发热、流涕、鼻塞	除了有和鼻喷流感疫苗相同的不良反应外，还可能出现接种部位红肿、发热、疼痛等症状

Q: 流感疫苗什么时候接种最好？

A: 在 每年10月底前完成接种最好，且最好不要早于9月。

Q: 接种流感疫苗会导致流感吗？会导致别人感染吗？

A: 肌肉注射灭活的流感疫苗，不会导致感染流感，更不会传染给别人。鼻喷流感疫苗也不会。因为鼻喷流感疫苗含有的是弱化的（减毒）病毒，这些病毒是冷适应的，仅在鼻腔较低温度条件下繁殖，不在肺部或较热地方繁殖，所以不会导致感染流感，也不会传染给别人。

但是会有一些副作用，比如流鼻涕、发热、肌肉疼痛、呕吐等表现，这是身体免疫器官对流感病毒产生的免疫反应较强导致的，症状会比真正感染流感后轻，发作时间也会较短暂。

Q: 使用鼻喷的还是肌肉注射的好？

A: 3岁以下孩子，只能用肌肉注射的。3岁以上孩子，可选择鼻喷的流感疫苗（国内只有3价的）、肌肉注射的4价疫苗、肌肉注射的3价疫苗这3种。当然，在都有疫苗的情况下，首选肌肉注射的4价疫苗；如果没有4价的，选择另外2种也可以。

Q： 接种 3 价疫苗好还是 4 价疫苗好？

A： 肯定是 4 价疫苗的保护性更好。3 价疫苗包括甲型病毒中的 H1N1、H3N2 亚型及乙型病毒的 Victoria 系。4 价疫苗除了以上之外，还多了一个 Yamagata 系。

所以，在保护力上，3 价和 4 价疫苗在共同含有的疫苗成分上是没有区别的，但 4 价的多了 Yamagata 系的保护。

到了接种时间，有 4 价疫苗的就接种 4 价；没有的话，就先接种 3 价疫苗，不要为了等 4 价疫苗而耽误接种时间。

Q： 对鸡蛋过敏的宝宝，能否接种流感疫苗？

A： 当然可以，《中华人民共和国药典》（2015 版和 2020 版）均未将对鸡蛋过敏者作为禁忌接种人群。

Q： 2 岁 11 月的孩子，接种第二针时就是 3 岁以上了，怎么办？

A： 2 岁 11 月时，接种的是儿童型疫苗（0.25ml）；第二针到 3 岁了，需要再接种 1 针，并且接种 3 岁以上的成人型疫苗（0.5ml）。

Q： 3 岁孩子接种了 3 价疫苗，想再接种一针 4 价疫苗，行吗？

A： 不行，目前我国一般是一个流感季节，接种 1 针流感疫苗即可。

Q： 不同厂家的流感疫苗，能混着用吗？

A： 建议 2 针使用同一厂家的疫苗；如果不能满足，第二针可以用其他厂家生产的。

Q： 刚用完鼻喷流感疫苗，孩子就打了个喷嚏，怎么办？

A： 因为这种鼻喷疫苗含有的病毒量多，超过免疫所需量；另外，其进入鼻黏膜非常快速，所以用完鼻喷流感疫苗后打喷嚏，并不影响疫苗效果。

📖 参考文献

中国流感疫苗预防接种技术指南（2020-2021）.

任意接种

轮状病毒疫苗

减毒
疫苗

口服

可预防疾病

主要预防 A 群轮状病毒引起的腹泻。我国每年约有 1000 万名孩子患上轮状病毒感染性胃肠炎。感染途径为粪口传播，表现为发热、腹泻、腹痛、呕吐等。

一般在服用疫苗 2 周内产生抗体，接种后发生感染的概率会降低。即便接种后仍不幸感染，病情也会很轻，且病程会缩短。

而口服疫苗，6 月龄至 3 岁的孩子每年只需口服 1 次；3 ~ 5 岁年龄段的孩子每年仅口服 1 次即可。保护率达 73%，对重症腹泻保护率达 90% 以上。口服减毒疫苗，接种前后半个小时内不要喝热水或热奶。

产品名称	口服轮状病毒疫苗	5 价轮状病毒疫苗
接种对象	2 月龄至 3 岁	婴儿在 6 ~ 18 月龄接种第一、二剂次（2 剂间隔时间不得少于 3 个月）
接种程序	2 月龄后可以服用，每年服用 1 剂，全程不超过 3 剂	6 ~ 12 月龄服用第一剂，每剂间隔 4 ~ 10 周，全程 3 剂
作用与用途	预防婴幼儿 A 群轮状病毒引起的腹泻	预防 G1 型、G2 型、G3 型、G4 型、G9 型轮状病毒导致的婴幼儿轮状病毒感染性胃肠炎

需要注意的是，5 价轮状病毒疫苗对初次接种月龄有严格的限制，错过第一剂接种的孩子，还是需要每年口服单价轮状病毒疫苗。

其他疫苗

除了我们经常听到的一类、二类疫苗，有一种特殊的疫苗也非常值得家有女孩的父母关注。那就是 HPV 疫苗，即我们常说的宫颈癌疫苗。

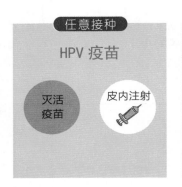

任意接种

HPV 疫苗

灭活疫苗

皮内注射

可预防疾病

主要由人乳头瘤病毒（HPV）感染引起。只要有性生活，被感染的概率就很高。性活跃期，女性 HPV 感染率达 50%～80%，且感染后通常没有任何症状，无法察觉。

宫颈癌作为女性中最常见的恶性肿瘤之一，发病率常年居高不下。宫颈癌最佳预防策略是接种疫苗＋定期筛查。

目前，国内上市的 3 种 HPV 疫苗都能够有效地预防 HPV 导致的感染，从而降低宫颈癌的发病率。所以，女性朋友及家中有女孩的家庭，都需要及时地接种该疫苗。

HPV 疫苗接种有效率达 90%～92%。因为目前市面上已有 3 种不同类型的 HPV 疫苗，并且对接种年龄的要求也各不相同，所以需要注意区分。

2 价 HPV 疫苗

◆ 预防 HPV 类型

可以预防 HPV16 型、18 型。可预防由这 2 种病毒引起的子宫颈上皮内瘤变及二级病变和原位腺癌，但无法预防 HPV 引起的尖锐湿疣。

◆ 接种年龄区间

9～45 岁。

◆ 接种程序

分别在第 0、1、6 个月进行。

➡ 4 价 HPV 疫苗

◆ 预防 HPV 类型

可以预防 HPV16 型、18 型感染及子宫颈癌、子宫颈上皮内瘤变、原位腺癌。预防 90％ HPV6 型、11 型引起的尖锐湿疣。

◆ 接种年龄区间

9 ～ 45 岁。

◆ 接种程序

分别在第 0、2、6 个月进行。

➡ 9 价 HPV 疫苗

◆ 预防 HPV 类型

可以预防 HPV6 型、11 型、16 型、18 型、31 型、33 型、45 型、52 型、58 型感染及子宫颈癌、子宫颈上皮内瘤变、原位腺癌。预防 90％ HPV6 型、11 型引起的尖锐湿疣。

◆ 接种年龄区间

16 ～ 26 岁。

◆ 接种程序

分别在第 0、2、6 个月进行。

什么情况下
不能接种疫苗

哪些情况下不可以接种疫苗

父母都希望孩子能够平安、健康地长大，但是孩子成长过程中总是会出现各种各样的情况，让父母操碎了心。所以接种疫苗前需要注意，孩子出现以下几种情况时是需要延迟接种疫苗的。

◆ 体温超过 37.5℃，腹泻、肺炎、支气管炎、肾病综合征等发病期间。

◆ 近期使用过血液制品，如使用过大剂量免疫球蛋白，建议至少推迟 3～6 个月再接种疫苗。

◆ 近期有接触过急性传染病患者。如不慎接触麻疹、手足口病、流行性腮腺炎、水痘等急性传染病患者，即使没有发病，也要等到疾病的潜伏期过了再接种。

◆ 患有严重湿疹或者孩子处于哮喘发作期。

> **提示**
>
> 孩子身体不舒服时，不建议接种疫苗。如果认为非接种不可，一定要事先咨询专业的医护人员。

以下人群哪些情况下可以接种疫苗

在《中国实用儿科杂志》2018 年第 10 期"特殊健康状态儿童预防接种专家共识"系列文章中，明确指出孩子有以下情况也可以接种疫苗。

➡ 早产儿

出生时小于 37 周但体重大于 2.5kg 的早产儿可以接种疫苗。

乙肝表面抗原（HBsAg）阴性或阳性不详的妈妈所生的早产儿，应在出生后 24 个小时内尽早接种第一剂乙肝疫苗；接种之后 1 个月，再按 0、1、6 个月程序完成 3 剂次乙肝疫苗接种。

> **提示**
>
> 暂缓接种的情况：
>
> 出生体重低于 2.5kg 的早产儿，暂缓接种卡介苗。待体重 ≥ 2.5kg，生长发育情况良好，才可接种卡介苗。

乙肝表面抗原阳性的妈妈所生的早产儿，出生后接种第一剂乙肝疫苗的同时，在不同部位肌肉注射 100IU 乙肝免疫球蛋白。

➡ 哮喘的孩子

如果孩子在哮喘缓解期，且没有其他异常，可接种疫苗。对于蛋类过敏严重的哮喘孩子，可在医护人员监护下接种。

孩子哮喘急性发作时，尤其在用药情况下，应暂停接种。美国免疫顾问委员会建议，停止全身应用糖皮质激素 1 个月后才能恢复接种。

➡ 原发性免疫缺陷病（PID）的孩子

有原发性免疫缺陷病的患儿，原则上可以接种灭活疫苗，但其免疫保护强度和持久性会降低。由于原发性免疫缺陷病种类繁多，需要根据不同类型的具体情况，作进一步的专业咨询，比如重症联合免疫缺陷病患儿禁止接种水痘疫苗、麻疹疫苗、卡介苗等减毒疫苗。

➡ 食物过敏的孩子

食物过敏的孩子，可以按照正常的免疫程序接种疫苗。但有蛋类严重全身过敏反应史的孩子，应在医护人员的监护下接种流感疫苗。

食物过敏并发哮喘、荨麻疹、湿疹等反应急性期，都应暂缓接种。对蛋类过敏者，禁止接种黄热病疫苗。

➡ 有先天性心脏病的孩子

生长发育良好，没有心功能异常；先天性心脏病患儿介入治疗术后，复查心功能无异常；先天性心脏病患儿外科术后 3 个月，复查心功能无异常。以上情况都可以接种疫苗。

提示

暂缓接种的情况：

伴有心功能不全、严重肺动脉高压等并发症的先天性心脏病患儿；复杂紫绀型先天性心脏病患儿，需要多次住院手术者；需要专科评估的其他情形，如免疫缺陷、感染、严重营养不良、免疫抑制剂使用等的先天性心脏病患儿。

➡ 黄疸的孩子

生理性黄疸、母乳性黄疸患儿如身体健康状况良好，可按正常的免疫程序接种疫苗。

> **提示**
>
> 暂缓接种的情况：
> 病理性黄疸患儿需及时前往专科门诊查明病因，暂缓接种其他疫苗。

➡ 有热性惊厥病史的孩子

虽然热性惊厥发作超过半个小时，但没有既往史或半年内发作热性惊厥不超过 3 次，1 年内发作不超过 4 次的孩子可以接种。建议每次只接种 1 种疫苗。

> **提示**
>
> 暂缓接种的情况：
> 对于复杂性热性惊厥，或短期内频繁发作（半年内发作 ≥ 3 次，或 1 年内发作 ≥ 4 次）者，建议就诊。

➡ 有癫痫的孩子

6 个月及以上未发作癫痫的孩子，无论是否还在服用抗癫痫药物，都可以接种疫苗。有癫痫家族史的孩子也可以接种。

> **提示**
>
> 暂缓接种的情况：
> 近 6 个月内有癫痫发作的患者。

➡ 脑瘫的孩子

脑瘫孩子可以按正常程序接种疫苗。

➡ 有湿疹的孩子

轻度湿疹患儿可以接种各类疫苗，接种时要避开湿疹部位。
中度湿疹患儿应暂缓接种。

接种疫苗的
注意事项

注意!

接种疫苗并不是简单地打一针那么简单。接种疫苗前，要确认孩子是否有生病、不舒服或者其他不适宜接种疫苗的症状。接种疫苗后，要注意孩子是否有过敏反应或其他不舒服的情况出现。在接种疫苗时还需要注意以下几个事项，以确保孩子的安全。

孩子接种疫苗前、中、后，各需要注意什么

➡ 接种前需要注意的事项

◆ 先确定好当天卫生院是否有注射疫苗的存货；宝宝是否到了注射疫苗的时间。特别是新手父母，不要稀里糊涂地白跑一趟。

◆ 备齐物品：带好《儿童预防接种证》，这是孩子接种疫苗的证明，以后孩子上幼儿园、上小学时都需要查验的。另外，准备好奶粉、水壶、玩具等物品，最好多准备一套衣服，以备不时之需。

· 确认时间
· 带好接种证
· 备齐其他用品

➡ 接种时需要注意的事项

接种时采用正确的姿势抱住孩子，温柔地说："宝宝，我们马上要接种疫苗了，会有一点点疼，但是过一会儿就不疼了；而且打完针，你就不会生病了哦！如果疼，

你可以哭出来，妈妈会一直陪在你身边。"

要让孩子在家人的怀抱里感受足够的安全感，让他知道如果感到疼，有情绪时可以适时宣泄。哭是很正常的，父母抱一抱，安慰一下就好了。如果孩子没哭，记得马上夸奖："宝宝知道打预防针是为了少生病，真勇敢！真棒！"

另外，不能老训斥孩子，要求孩子不能哭，也不要在平时拿打针的事情吓唬他。

➡️ 接种后的注意事项

◆ 接种注射疫苗后，应当用棉签按住其针眼 3～5 分钟，不可揉搓接种部位。

◆ 孩子接种完疫苗，要在接种场所休息观察 30 分钟以上，确认无不良反应，方可离开。如果孩子出现高热或其他不良反应，应及时咨询接种人员。

◆ 口服脊髓灰质炎疫苗后半个小时内不能进食任何温、热的食物或饮品。接种百白破疫苗后，若接种部位出现硬结，可在接种后第二天开始进行热敷，帮助硬结消退。

◆ 可以带孩子到户外照常玩耍，饮食除非有特殊要求，否则无需禁忌。也可以洗澡、泡澡，但需要注意保暖。

◆ 接种疫苗后，大多数孩子不会有异常感觉和表现。少数孩子可能会有发热、接种部位红肿疼痛、烦躁不安、食欲不佳、哭闹的现象，这些都属于预防接种的一般反应，不需要特殊处理。只要多饮水、适当休息等对症处理，一般几天内会自动消失。

◆ 如果孩子接种完疫苗，回家出现高热、接种部位硬结比较大、起过敏性皮疹等反应，应及时与接种门诊联系，立即带其就医。

皮肤过敏　　　无菌性脓肿　　　高热

疫苗接种后的常见反应及处理

疫苗作为药品，接种可能会导致一定的不良反应。接种合格的疫苗后，也可能会造成受种者组织器官及功能损害，称为疫苗接种后不良反应（AEFI）。

疫苗种类	局部反应	全身反应	
	疼痛、肿胀、发红	发热（体温 > 38℃）	易怒、不适，有全身症状
卡介苗	发生率达 90%～95%		
乙肝疫苗	成人发生率约15%儿童发生率约5%	发生率达 1%～6%	
Hib 疫苗	发生率达 5%～15%	发生率达 2%～10%	
麻疹/麻风/麻腮风疫苗	发生率约 10%	发生率达 5%～15%	发生率约5%（起疹子）
脊髓灰质炎疫苗	无	发生率小于1%	发生率小于1%
百日咳（全细胞百白破）疫苗	发生率约50%	发生率约50%	发生率约50%
肺炎链球菌结合疫苗	发生率小于20%	发生率小于20%	发生率小于20%
破伤风/白破疫苗	发生率小于10%	发生率小于10%	发生率小于25%
处理方法	冷敷、使用对乙酰氨基酚	补液、穿轻薄的衣物、使用对乙酰氨基酚	补液

雨滴医生育儿百科

304

根据严重程度，疫苗不良反应又可以分成一般反应和重度反应。

◆ 一般反应：通常表现为数小时内出现局部红肿、热痛或者发热、哭闹、食欲差等表现。这些反应并不少见，但症状会比较轻微。如红肿较重时，采用热敷（接种卡介苗后严禁热敷），适当安抚，适当休息 1～2 天后就可恢复正常。

全身反应较重的，如没有继发性感染，可仅对症处理。发热、头痛者可服用解热镇痛药。一般在体温恢复正常后，其他症状会自行消退。

◆ 重度反应：大多数严重的疫苗反应不会导致长期的身体问题，但偶尔也会出现惊厥、严重过敏、血小板减少、肌张力减退，甚至致残的身体损害。

疫苗接种的常见问题

➡ 多种疫苗可以同时接种吗

很多疫苗都是要接种好几剂次，如果是免费疫苗和自费疫苗都接种，那么孩子在上小学前，就要接种 50 剂次左右。如果每次只打 1 剂，那么父母要经常请假带孩子跑儿保所。所以有联合疫苗，就尽量注射联合疫苗。

雨滴有话说

根据国外有关多种疫苗同时接种的研究显示，免费或者自费疫苗都可以同时接种，但是一定不能选择同一部位。

接种部位一般是双上臂、双臀部、双大腿和口腔（口服类），一共有 7 个接种部位可以选择。

一般来说，进入市面的疫苗，其有效性和安全性都有一定保证。接种联合疫苗，可以让宝宝少接种很多剂，减少痛苦；也让大人少跑儿保所，少浪费时间，何乐而不为呢？但要注意避免重复接种。

➡ 同类型疫苗有自费和免费的，为什么有些推荐免费，有些却推荐自费

同一类型的疫苗，既有自费，又有免费，一般尽量选择自费，流脑疫苗除外。

比如免费接种的乙脑疫苗是减毒疫苗，已有 2 亿多名儿童接种过，其安全性、效果能得到充分保证。而灭活疫苗有一定的局限性，自费接种的乙脑灭活疫苗的免疫效果较减毒疫苗差，需要多次接种，比接种免费疫苗还多 2 剂次。

当然，对有免疫功能缺陷的孩子来说，自费的灭活疫苗会更适合。

第 **7** 章

轻松读懂
三大常规检查报告

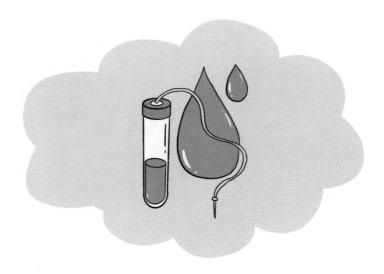

血液检查

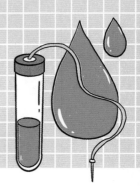

很多父母都知道孩子发热生病时，医生有时会建议做血常规检查。可拿到这张报告单，父母看着上面密密麻麻的数据犹如天书，无从理解。该如何抓住重点去看懂血常规的检验单？

雨滴医生育儿百科

血常规常见指标

血常规分为白细胞、红细胞、血小板三大系。只要把这几个指标弄清楚，基本就可以解决你的困惑了。

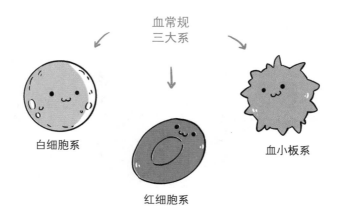

血常规
三大系

白细胞系

红细胞系

血小板系

常见的血常规检验单

升高则提示可能有细菌感染

升高则提示
可能有病毒感染

↓表示比参考值低
↑表示比参考值高

	序号	项目名称	英文缩写	测试结果	提示	单位	参考值
白细胞指数	1	白细胞数	WBC	7.2		10^9/L	4～10
	2	中性粒细胞比值	NE%	42.3	↓	%	50～70
	3	淋巴细胞比值	LY%	42.1	↑	%	20～40
	4	单核细胞比值	MO%	5.6		%	3～8
	5	嗜酸性粒细胞比值	EO%	9.5	↑	%	0.5～5.0
	6	嗜碱性粒细胞比值	BA%	0.5		10^9/L	0～1
	7	中性粒细胞绝对计数	NE#	3.1		10^9/L	2～7
	8	淋巴细胞绝对计数	LY#	3.0		10^9/L	0.8～4
	9	单核细胞绝对计数	MO#	0.4		10^9/L	0.15～1
	10	嗜酸性粒细胞绝对计数	EO#	0.7	↑	10^9/L	0.05～0.5
	11	嗜碱性粒细胞绝对计数	BA#	0.0		10^9/L	0～0.1
红细胞指数	12	红细胞计数	RBC	4.72		10^{12}/L	4～5.5
	13	血红蛋白浓度	HGB	125		g/L	120～160
	14	红细胞压积	HCT	0.37	↓	L/L	0.41～0.52
	15	平均红细胞体积	MCV	80.0	↓	fL	84～94
	16	平均红细胞血红蛋白含量	MCH	26.5	↓	pg	28～32
	17	平均红细胞血红蛋白浓度	MCHC	332		g/L	320～360
	18	有核红细胞绝对计数	NRBC#	0.0		%	10～15
	19	红细胞分布宽度	RDW	14.1		%	11.5～14.5
	20	有核红细胞比值	NRBC%	0.0		%	
血小板指数	21	血小板计数	PLT	228		10^9/L	100～320
	22	平均血小板体积	MPV	8.7		fL	7.5～11
	23	血小板压积	PCT	0.19		%	0.19～0.282
	24	血小板分布宽度	PDW	16.8		%	11～17.1

数值偏低则提示可能贫血

白细胞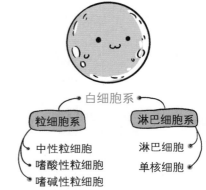

　　白细胞就是人体的"卫兵"，起着抵抗、消灭敌人（细菌、病毒等病原体）的作用。只要出现敌情，白细胞就会上阵杀敌。为了满足各方面的需要，白细胞分成中性粒细胞、淋巴细胞等，其中淋巴细胞和粒细胞占90％以上。孩子感冒发热时，通常只要了解这项指标即可。

　　中性粒细胞类似于巡逻兵，分布在血管里面，一旦发现血液任何部位受到感染，它便会立刻随着血液到达感染部位，吞噬并杀灭细菌。但是细菌也有强、弱之分，有时候中性粒细胞并不能很快将细菌全部杀灭，阻止感染，于是身体就会源源不断地快速产生中性粒细胞前去增援。所以受到细菌感染时，血常规检验单上通常会显示中性粒细胞升高，白细胞的数值也相应升高。

白细胞系
粒细胞系
淋巴细胞系
中性粒细胞
嗜酸性粒细胞
嗜碱性粒细胞
淋巴细胞
单核细胞

　　病毒的个头比细菌小多了，中性粒细胞对付不了，淋巴细胞临危受命赶来"参战"。淋巴细胞能快速分辨出病毒的种类，并让身体产生对抗该类病毒的抗体。当抗体和病毒结合后，病毒就被限制住了。另外，淋巴细胞还能分辨出身体细胞是否有被病毒感染，如有，这时淋巴细胞就会通知身体通过各种方式（例如发热）杀死这些被病毒感染的细胞，防止病毒大量繁殖后卷土重来。当病毒感染时，淋巴细胞数值升高，病毒抑制骨髓生成粒细胞，中性粒细胞数量减少，白细胞数值也相应下降。但儿童血常规数值和成人的不太一样，下面把参考值附上。

	新生儿	6月龄至2岁幼儿	儿童
白细胞总数	（15.0～20.0）×10^9／L	（11.0～12.0）×10^9／L	（5.0～12.0）×10^9／L

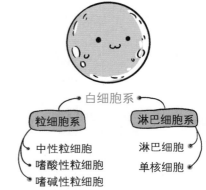

	出生3天内	出生4～6天	4～6岁	6岁以后
中性粒细胞百分比	60%～70%	50%	30%～50%	50%～70%
淋巴细胞百分比	30%～40%	50%	40%～60%	30%～40%

➡ 感冒发热时每次都要查血常规吗？什么时候检查比较合适

一般而言，孩子的感冒、发热多是病毒感染。如果孩子各方面状态都还可以，发热没有越来越严重，但此时流鼻涕、咳嗽等症状加重了，基本可以判断为病毒感染，不建议查血常规。孩子症状较重，或者3月龄以下，或发热、感冒症状超过3天还没好转的趋势，甚至加重了，为慎重起见，建议查血常规。

但是在感冒、发热初始12个小时内，建议不要查血常规，这时体内的白细胞、C反应蛋白（CRP）等起作用不久，没有稳定下来，变化不大，所以不建议查。

如果父母很焦虑，起码要等到孩子发病24个小时之后再查血常规比较好。

➡ CRP和PCT升高是提示感染吗

很多孩子生病了，医生会给孩子查CRP和PCT。这是一种在炎症、应激反应时急剧上升的蛋白质，主要能帮助识别和清除病原体，有抗炎效果。

如CRP正常值<10mg/L，病毒感染时，CRP数值会低于或稍高于正常值。

CRP>40mg/L，细菌感染可能性较大。还有降钙素原（PCT）>0.5ng/ml时，也提示细菌感染的可能性大。

不管是血常规还是CRP检查，都只是一种检验的辅助手段，不是每一次都要查的，父母也不要太纠结于里面的数值，最终还是要结合孩子的临床症状来判断。

红细胞

红细胞系

红细胞　　血红蛋白

红细胞是人体内的"运输队"。它把氧气运送到全身各处，把回收的二氧化碳送到肺部并排出体外。

关于红细胞，我们需要了解的内容有血红蛋白（HGB）、平均红细胞体积（MCV）、平均红细胞血红蛋白含量（MCH）和平均红细胞血红蛋白浓度（MCHC）。

◆ 缺铁性贫血：血红蛋白浓度低则说明贫血，以上后3项都低就说明有问题。原理是血红蛋白合成需要铁元素，长期缺铁，则血红蛋白合成少；而血红蛋白是红细胞的主要成分，因此缺铁性贫血者，其红细胞个头小，颜色也不怎么红。

◆ 地中海贫血：血红蛋白浓度降低，也有可能是地中海贫血，主要是合成血红蛋白的珠蛋白合成异常，制造了部分无效的血红蛋白，但红细胞计数通常并不减少。

地中海贫血属于遗传性疾病，是一组遗传性小细胞性溶血性贫血，也叫海洋性贫血。孩子如果患有静止型或轻型地中海贫血，日常生活中可以有意识地通过锻炼来提高身体素质、增强体能。中间型和重型地中海贫血的孩子，就需要到医院进行详细的诊断和系统的治疗。此病能防难治，希望每个孕妈妈能在孕期做好孕检，如地中海贫血筛查，预防悲剧发生。

◆ 巨幼细胞性贫血。血红蛋白浓度偏低，平均红细胞体积大于正常数值，说明是由体内缺乏维生素 B_{12} 或叶酸导致的。另外，需要注意的是，在不同的年龄段，红细胞总数和血红蛋白浓度也是不同的。

	出生3周内	出生3～7周	6月龄至6岁	6～12岁
红细胞总数	（5～7）×10^{12}／L	3×10^{12}／L	4×10^{12}／L	成人水平
血红蛋白	170g／L	70～90g／L	105～140g／L	成人水平

另外，孩子有细菌感染时，会抑制骨髓制造红细胞，导致短暂性贫血。等病好了，贫血自然就会好了，通常不需要干预。

血小板

血小板水平主要反映凝血功能。一般来说，6月龄至14岁的孩子，血小板的正常范围值在（100～300）×10^9/L。

血小板是血管内的"修理师傅"，哪里有破损，立即上去补洞。当血小板数值小于100×10^9/L，可能导致血管出现多处破损。血液渗出血管，皮肤上有出血点，通常表现为皮肤瘀斑、过敏性紫癜、鼻出血、血友病。

血小板多也会"生事"，大量的血小板在血管内聚集，形成血栓。血栓随着血液流入心脏、大脑，变成"定时炸弹"。常见于慢性粒细胞白血病、原发性血小板增多症、急性化脓性感染、急性溶血，或见于脾切除术后、外科手术后等。

因每家医院的仪器不同，检验结果可能稍有不同，以实际检查数据为标准。

尿液培养的目的主要是检查是否有引起尿路感染的病原菌。取尿液标本时，最好先清洁屁股，截取 3～5ml 中段小便进行装杯，1～2 个小时内送检。正常尿液是清晰透明的淡黄色液体，出现红色、牛奶样尿色就要赶紧检查。若小宝宝出现不明原因的发热至 38℃ 以上，有尿频、尿痛、面部浮肿等情况，也需要尽快就医检查。

如何看懂尿常规化验单

在尿常规检查中，重点看尿白细胞、尿蛋白和尿红细胞。

	名称	参考值	简要意义
SG	比重	1.002～1.030	升高提示心功能衰竭、高热、脱水及急性肾炎等；降低见于过量饮水、慢性肾炎及尿崩症等
PH	酸碱度	4.6～8.0	升高提示碱中毒等，降低见于酸中毒等
LEU/WBC	白细胞	阴性	阳性提示尿路感染
NIT	亚硝酸盐	阴性	阳性提示尿路感染
PRO	蛋白质	阴性	阳性提示肾炎、肾病综合征及泌尿系统感染等
GLU	葡萄糖	阴性	阳性提示糖尿病及肾性糖尿
KET	酮体	阴性	阳性提示糖尿病酮症酸中毒、严重饥饿、严重腹泻、脱水等
UBG	尿胆原	阴性	阳性提示肝脏损害及溶血
BLD	尿隐血	阴性	阳性提示血尿、血红蛋白尿，见于肾炎、肾结核、肾结石、肾肿瘤、尿路损伤及溶血等
RBC/ERY	红细胞	阴性	阳性提示血尿，见于肾炎、肾结核、肾结石、肾肿瘤及尿路损伤等

看尿常规化验单，主要看"＋"和"－"。"＋"号代表结果为阳性，表示异常，并以"＋"到"＋＋＋＋"分别代表不同的含量，即严重程度；"－"号代表结果为阴性，表示结果正常。但是在实际检查中还会出现"±"符号，表示可疑待查。

在繁多的检查项目中，重点看尿白细胞、尿蛋白和尿红细胞。

➡ 尿白细胞（LEU/WBC）

尿白细胞正常是阴性，镜检参考值为 1～3 个。

尿白细胞显示"＋"，镜检大于 5 个，提示泌尿系统感染或者邻近器官感染，如尿道炎、膀胱炎、肾盂肾炎、阴道炎等。

➡ 尿蛋白（PRO）

剧烈运动、高热、高蛋白饮食也可以引起蛋白尿，但一般不会超过 1 个"＋"。如果复查后仍是这结果，提示有肾脏方面的疾病，建议做 24 小时尿蛋白定量检查。

➡ 尿隐血（BLD）、尿红细胞（RBC/ERY）

正常情况下，二者都应该是阴性。注意尿隐血阳性不是血尿，需要再次复查。

尿红细胞镜检大于 3 个，就是镜下血尿，除了提示泌尿系统感染，也可见于系统性红斑狼疮、特发性血小板减少性紫癜、再生障碍性贫血等。

大便检查

在门诊中经常有父母带着粘有孩子大便的纸尿裤前来要求做大便检查，但通常会被拒绝。虽然大便能在一定程度上反映孩子的身体状况与疾病类型，但以错误的方式送检大便，反而会影响检查结果。在这一节就来科普一下如何留存大便、小便送检的事。

怎么采集大便送检

尽量让孩子在干净的容器中解大便。有时候孩子太急会解到地上，父母尽量用棉签挑取部分觉得有问题，比如绿色、带脓液、有血丝的大便。尽量避免污染，否则会导致化验结果异常。

实在取不到大便，可以用干净的保鲜膜垫在纸尿裤上面，但要注意放置时间不宜过长，否则易因不透气引起尿布疹。

> **提示**
>
> 只要孩子有腹泻，都建议留存大便化验，这样才知道究竟是病毒、细菌还是霉菌导致的感染，这是减少误诊的好方法。

如何看懂大便常规化验单

◆ 白细胞

正常大便中可偶见白细胞。大便中，白细胞是反映炎症的指标之一，而不是感染的直接反应。感染性炎症、食物过敏性炎症都会引起白细胞增加。肠炎时白细胞数增多，数量多少与炎症轻重程度及部位相关。

比如白细胞增加伴有红细胞，提示肠道渗出、炎症较重，可以在感染性腹泻，如痢疾或小宝宝的过敏性肠炎中出现。

◆ 红细胞

正常大便中不含红细胞。红细胞增加，提示有消化道炎症或出血，如溃疡性结肠炎、急性血吸虫病、直肠息肉、细菌性痢疾、阿米巴痢疾、痔疮出血及其他出血性疾病等。

◆ 霉菌

常见于应用大量抗菌素后引起肠道菌群失调而导致的霉菌性二重感染。

◆ 食物残渣

在正常大便中，仅见到无定形的细小颗粒残渣，偶见少量脂肪小滴和淀粉颗粒。食物消化不完全时，大便中可见不同类型的食物残渣。

◆ 淀粉颗粒

大便中出现淀粉颗粒的量反映了患者消化、吸收功能的情况。出现淀粉颗粒多，多表明消化功能不良。

◆ 脂肪

食物中的脂肪大多被吸收了，大便中很少见到。缺乏脂肪酶而使脂肪分解不全，脂肪消化、吸收障碍时，大便中的脂肪会增多，多见于小儿腹泻或其他消化系统疾病等。

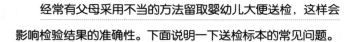

LESSON
雨滴小课堂

经常有父母采用不当的方法留取婴幼儿大便送检，这样会影响检验结果的准确性。下面说明一下送检标本的常见问题。

Q： 标本在 2 个小时以内送检就可以了吧？

A： 大便最好在 1 个小时之内送至检验科，标本送得越早越新鲜，检查准确度也越高。

Q： 用药物催拉大便，猛喝水催小便，可以吗？

A： 有些父母为了急于做检查，孩子没有大小便的时候，就会采取一些极端措施，如用药物催拉大便，让孩子猛喝水以催拉小便，这是不对的。最常用的药物就是开塞露，开塞露通常用于缓解孩子便秘。

健康的孩子使用之后可能会导致腹泻，加重症状。另外，孩子的肠黏膜十分娇嫩，机械刺激有可能损伤其肠黏膜，使肠黏膜出血而导致隐血试验阳性，造成医生误判。

雨滴医生育儿百科

附　录

免疫规划疫苗（免费）接种程序表

疫苗名称	接种年（月）龄														
	出生时	1月	2月	3月	4月	5月	6月	8月	9月	12月	18月	2岁	3岁	4岁	6岁
乙肝疫苗	第一剂	第二剂					第三剂								
卡介苗	第一剂														
脊髓灰质炎灭活疫苗①			第一剂	第二剂											
脊髓灰质炎减毒活疫苗					第三剂									第四剂	
百白破疫苗				第一剂	第二剂	第三剂					第四剂				
白破疫苗															第一剂
麻腮风疫苗②								第一剂			第二剂				
乙脑减毒活疫苗/乙脑灭活疫苗③								第一剂 / 第一、二剂				第二剂 / 第三剂			第四剂
A群流脑多糖疫苗							第一剂		第二剂						
A+C群流脑多糖疫苗													第一剂		第二剂
甲肝减毒活疫苗/甲肝灭活疫苗④											第一剂 / 第一剂	第二剂			

① 自2019年12月起，脊髓灰质炎灭活疫苗常规免疫程序由1剂注射加3剂口服，调整为2剂注射加2剂口服，即2~3月龄孩子接种脊髓灰质炎灭活疫苗（注射），4月龄和4岁孩子接种脊髓灰质炎减毒活疫苗（口服）。

② 自2020年6月起，不再使用麻风疫苗，即孩子在8月龄时接种1次麻疹－腮腺炎－风疹减毒活疫苗。

③ 选择乙脑减毒活疫苗接种时，采用2剂次接种程序；选择乙脑灭活疫苗接种时，采用4剂次接种程序；乙脑灭活疫苗第一、二剂接种间隔7~10天。

④ 选择甲肝减毒活疫苗接种时，采用1剂次接种程序；选择甲肝灭活疫苗接种时，采用2剂次接种程序。

附表2 0～2岁男童年龄别身长、体重参考值
《2006年世界卫生组织（WHO）标准》 体格发育评价标准一（1）

年龄 年月	体重（kg）							身长（cm）						
	−3SD	−2SD	−1SD	SD	+1SD	+2SD	+3SD	−3SD	−2SD	−1SD	SD	+1SD	+2SD	+3SD
0	2.1	2.5	2.9	3.3	3.9	4.4	5.0	44.2	46.1	48.0	49.9	51.8	53.7	55.6
1	2.9	3.4	3.9	4.5	5.1	5.8	6.6	48.9	50.8	52.8	54.7	56.7	58.6	60.6
2	3.8	4.3	4.9	5.6	6.3	7.1	8.0	52.4	54.4	56.4	58.4	60.4	62.4	64.4
3	4.4	5.0	5.7	6.4	7.2	8.0	9.0	55.3	57.3	59.4	61.4	63.5	65.5	67.6
4	4.9	5.6	6.2	7.0	7.8	8.7	9.7	57.6	59.7	61.8	63.9	66.0	68.0	70.1
5	5.3	6.0	6.7	7.5	8.4	9.3	10.4	59.6	61.7	63.8	65.9	68.0	70.1	72.2
6	5.7	6.4	7.1	7.9	8.8	9.8	10.9	61.2	63.3	65.5	67.6	69.8	71.9	74.0
7	5.9	6.7	7.4	8.3	9.2	10.3	11.4	62.7	64.8	67.0	69.2	71.3	73.5	75.7
8	6.2	6.9	7.7	8.6	9.6	10.7	11.9	64.0	66.2	68.4	70.6	72.8	75.0	77.2
9	6.4	7.1	8.0	8.9	9.9	11.0	12.3	65.2	67.5	69.7	72.0	74.2	76.5	78.7
10	6.6	7.4	8.2	9.2	10.2	11.4	12.7	66.4	68.7	71.0	73.3	75.6	77.9	80.1
11	6.8	7.6	8.4	9.4	10.5	11.7	13.0	67.6	69.9	72.2	74.5	76.9	79.2	81.5
12	6.9	7.7	8.6	9.6	10.8	12.0	13.3	68.6	71.0	73.4	75.7	78.1	80.5	82.9
1.1	7.1	7.9	8.8	9.9	11.0	12.3	13.7	69.6	72.1	74.5	76.9	79.3	81.8	84.2
1.2	7.2	8.1	9.0	10.1	11.3	12.6	14.0	70.6	73.1	75.6	78.0	80.5	83.0	85.5
1.3	7.4	8.3	9.2	10.3	11.5	12.8	14.3	71.6	74.1	76.6	79.1	81.7	84.2	86.7
1.4	7.5	8.4	9.4	10.5	11.7	13.1	14.6	72.5	75.0	77.6	80.2	82.8	85.4	88.0
1.5	7.7	8.6	9.6	10.7	12.0	13.4	14.9	73.3	76.0	78.6	81.2	83.9	86.5	89.2
1.6	7.8	8.8	9.8	10.9	12.2	13.6	15.3	74.2	76.9	79.6	82.3	85.0	87.7	90.4
1.7	8.0	8.9	10.0	11.1	12.5	13.9	15.6	75.0	77.7	80.5	83.2	86.0	88.8	91.5
1.8	8.1	9.1	10.1	11.3	12.7	14.2	15.9	75.8	78.6	81.4	84.2	87.0	89.8	92.6
1.9	8.2	9.2	10.3	11.5	12.9	14.5	16.2	76.5	79.4	82.3	85.1	88.0	90.9	93.8
1.10	8.4	9.4	10.5	11.8	13.2	14.7	16.5	77.2	80.2	83.1	86.0	89.0	91.9	94.9
1.11	8.5	9.5	10.7	12.0	13.4	15.0	16.8	78.0	81.0	83.9	86.9	89.9	92.9	95.9
2.0	8.6	9.7	10.8	12.2	13.6	15.3	17.1	78.7	81.7	84.8	87.8	90.9	93.9	97.0

附表3 0～2岁女童年龄别身长、体重参考值
《2006年世界卫生组织（WHO）标准》 体格发育评价标准二（1）

年龄 年月	体重（kg）							身长（cm）						
	−3SD	−2SD	−1SD	SD	+1SD	+2SD	+3SD	−3SD	−2SD	−1SD	SD	+1SD	+2SD	+3SD
0	2.0	2.4	2.8	3.2	3.7	4.2	4.8	43.6	45.4	47.3	49.1	51.0	52.9	54.7
1	2.7	3.2	3.6	4.2	4.8	5.5	6.2	47.8	49.8	51.7	53.7	55.6	57.6	59.5
2	3.4	3.9	4.5	5.1	5.8	6.6	7.5	51.0	53.0	55.0	57.1	59.1	61.1	63.2
3	4.0	4.5	5.2	5.8	6.6	7.5	8.5	53.5	55.6	57.7	59.8	61.9	64.0	66.1
4	4.4	5.0	5.7	6.4	7.3	8.2	9.3	55.6	57.8	59.9	62.1	64.3	66.4	68.6
5	4.8	5.4	6.1	6.9	7.8	8.8	10.0	57.4	59.6	61.8	64.0	66.2	68.5	70.7
6	5.1	5.7	6.5	7.3	8.2	9.3	10.6	58.9	61.2	63.5	65.7	68.0	70.3	72.5
7	5.3	6.0	6.8	7.6	8.6	9.8	11.1	60.3	62.7	65.0	67.3	69.6	71.9	74.2
8	5.6	6.3	7.0	7.9	9.0	10.2	11.6	61.7	64.0	66.4	68.7	71.1	73.5	75.8
9	5.8	6.5	7.3	8.2	9.3	10.5	12.0	62.9	65.3	67.7	70.1	72.6	75.0	77.4
10	5.9	6.7	7.5	8.5	9.6	10.9	12.4	64.1	66.5	69.0	71.5	73.9	76.4	78.9
11	6.1	6.9	7.7	8.7	9.9	11.2	12.8	65.2	67.7	70.3	72.8	75.3	77.8	80.3
12	6.3	7.0	7.9	8.9	10.1	11.5	13.1	66.3	68.9	71.4	74.0	76.6	79.2	81.7
1.1	6.4	7.2	8.1	9.2	10.4	11.8	13.5	67.3	70.0	72.6	75.2	77.8	80.5	83.1
1.2	6.6	7.4	8.3	9.4	10.6	12.1	13.8	68.3	71.0	73.7	76.4	79.1	81.7	84.4
1.3	6.7	7.6	8.5	9.6	10.9	12.4	14.1	69.3	72.0	74.8	77.5	80.2	83.0	85.7
1.4	6.9	7.7	8.7	9.8	11.1	12.6	14.5	70.2	73.0	75.8	78.6	81.4	84.2	87.0
1.5	7.0	7.9	8.9	10.0	11.4	12.9	14.8	71.1	74.0	76.8	79.7	82.5	85.4	88.2
1.6	7.2	8.1	9.1	10.2	11.6	13.2	15.1	72.0	74.9	77.8	80.7	83.6	86.5	89.4
1.7	7.3	8.2	9.2	10.4	11.8	13.5	15.4	72.8	75.8	78.8	81.7	84.7	87.6	90.6
1.8	7.5	8.4	9.4	10.6	12.1	13.7	15.7	73.7	76.7	79.7	82.7	85.7	88.7	91.7
1.9	7.6	8.6	9.6	10.9	14.0	16.0		74.5	77.5	80.6	83.7	86.7	89.8	92.9
1.10	7.8	8.7	9.8	11.1	12.5	14.3	16.4	75.2	78.4	81.5	84.6	87.7	90.8	94.0
1.11	7.9	8.9	10.0	11.3	12.8	14.6	16.7	76.0	79.2	82.3	85.5	88.7	91.9	95.0
2.0	8.1	9.0	10.2	11.5	13.0	14.8	17.0	76.7	80.0	83.2	86.4	89.6	92.9	96.1

很多家长不太明白如何看前面2张表，可以参考以下方法：

在第一列找到孩子所属的年龄段，找到对应的体重或身长数据，并且找到该数值对应的"阶段位"。

"SD"表示人群的平均值，如果数值在"SD~+1SD"，属于中上，是正常范围，不用担心。数值在"1SD~-2SD"，属于中高，表示发育良好。若数值大于或小于2SD，往往提示体重超标或营养不良，建议及时咨询医生。

扫码领取

2～7岁男童、女童年龄别身长、体重参考值

后 记

努力做一套书，
让新手父母育儿更轻松

▶ 机缘和巧合

　　雨滴医生是一个在基层医疗单位工作 20 多年的儿科医生，通过在医院及社群中与患者和网友的不断交流，她感受到了年轻一代父母的育儿焦虑。于是从 2017 年至今，雨滴医生写下了 1000 多篇儿童养育方面的科普文，惠及 400 多万粉丝的家庭。

　　为了让这些养育知识能够惠及更多父母，并且让复杂、晦涩的医学知识变得更好懂，做一本让新手父母看完立即就能"上岗"的育儿书，成为我们速溶综合研究所（以下简称"速溶团队"）和雨滴医生创作这本书的初衷。2019 年，我们速溶团队和雨滴医生开始了正式的合作。

▶ 创作和打磨

　　最开始，和雨滴医生进行稿件的版式设计时，我们发现她有很会"讲故事"这个特点。于是，在每一篇文章的引入部分，我们设计以案例和对话作为每个知识点的切入点，给读者一种身临其境的代入感，并且选择双色且较为柔和的颜色去展现，做出了第一版的设计方案。但因其在展现形式、插画风格及整体色调体现上的效果都不是特别好，所以我们又进行了 2 ～ 3 次"大刀阔斧"的修改，最终达成目前的效果。

• 改变配色方案，更符合育儿和雨滴医生的形象

　　雨滴医生是一位温柔又细心的医生，加之国内大多数儿科或儿保科的医生服饰多以粉色为主，所以我们将版式设计的配色方案整体改成粉色，让整本书的基调显得更加温馨与可爱，读者尤其是妈妈读者看到会更加喜欢。

- **语言精练，直击痛点**

虽然孩子生病的原因也重要，但是怎么应对和处理才是新手父母更想知道和更需要掌握的内容。将稿件中原本过于专业的知识内容删除，留下专门针对养育孩子的各种问题的通俗讲解，再配以简洁、可操作的应对方案，才是新手父母一看就能学会的内容。

- **轻松可爱的人物形象 + 直观好记的图解**

我们速溶团队舍弃原来枯燥的专业医学绘图风格，创造了一个活泼可爱的宝宝形象，同时，通过最擅长的图解形式，将一些原本看起来复杂的内容，变得易懂且好记。

当然，还有很多细节，比如栏目展现形式的优化、内容展现形式的调整；增加了表格的使用，将一些繁杂的数据以表格的形式简单呈现。旨在让读者可以更为直观地理解与掌握书中内容。经过 3 次较大的调整后，才有了现在的《雨滴医生育儿百科》这本书。

可能对于阅读本书的新手父母来说，很多小设计在他们看来只是一种表现形式，但这些都是体现图书品质的细节之处。

▶ 最终呈现

对于策划这本书，我们速溶团队和雨滴医生设想的最大意义在于——它能够真正地帮助年轻一代的新手父母，缓解并解决他们的育儿焦虑。因此，本书涵盖了新手父母需要了解的科学喂养、婴幼儿居家护理、儿童生长发育、儿童常见病防治、意外伤害处理、预防接种知识及化验报告等 7 部分知识，以手绘图解的风格呈现，将实用性放在第一位。

雨滴医生将自己 20 多年在基层妇幼儿科门诊的实战经验，毫无保留地分享给大家，也是希望更多家庭在遇到和孩子相关的养育问题时，能够做到不焦虑、不产生育儿冲突。而我们速溶团队也更希望通过我们的努力，让知识更好地被理解、被有效传播。

只有这样，才能够让每对父母成为孩子最好的"家庭医生"。

——速溶综合研究所制作团队